做到竭尽全力 拼到感动自己

杨国缝／著

中国纺织出版社

内 容 提 要

世界上没有一件有价值的东西可以不通过辛勤劳动而获得，不吝惜自己汗水的人，必将会有丰厚的回报。越努力越幸运，越幸运越努力，做到竭尽全力，拼到感动自己，终究会体会到收获的快乐。

本书通过大量通俗易懂且韵味深长而富有哲理的事例，告诫那些正在人生路上默默奋斗却内心迷茫的的人，拼搏才是获得成功的不二法宝。只有努力努力再努力，才不会辜负生命的意义。

图书在版编目（CIP）数据

做到竭尽全力，拼到感动自己／杨国缝著—北京：中国纺织出版社，2017. 12（2024.4重印）
ISBN 978-7-5180-4453-5

Ⅰ.①做…　Ⅱ.①杨…　Ⅲ.①成功心理—通俗读物
Ⅳ.①B848.4-49

中国版本图书馆CIP数据核字（2017）第313346号

责任编辑：闫　星　　特约编辑：李　杨　　责任印制：储志伟

中国纺织出版社出版发行
地址：北京市朝阳区百子湾东里A407号楼　邮政编码：100124
销售电话：010-67004422　传真：010-87155801
http：//www.c-textilep.com
E-mail：faxing@c-textilep.com
中国纺织出版社天猫旗舰店
官方微博http://weibo.com/2119887771
北京兰星球彩色印刷有限公司印刷　各地新华书店经销
2017年12月第1版　2024年4月第4次印刷
开本：710×1000　1/16　印张：14
字数：194千字　定价：68.00 元

前言 Preface

曾几何时，当你结束了忙碌的工作或学习，你是否静下心来，思考过以下几个问题：你对现今的工作和生活满意吗？你曾经的梦想是什么？你是否羡慕他人的人生？你希望改变现状吗？

对于这些问题，可能不少人的回答是：我想改变现状，我想获得财富，我想实现梦想。的确，在我们的生活中，尤其是年轻人，都是意气风发，对于自己的未来，满怀信心，然而，随着时间的流逝，真正实现目标的人又有多少？

毫无疑问，是不断的拼搏和努力，不断的倾注热情，做到竭尽全力，拼到感动自己。也就是说，如果你想得到收获，就要为此付出艰巨的努力，只有这样神灵才会给你一把照亮前途的火炬，授予你一束“智慧宝库”的光芒。

德国大作家歌德说过：“人们在那里高谈阔论着天气和灵感之类的东西，我却像打金锁链那样苦心劳动着，把一个个小环节非常合适地连接起来。”唯一蝉联三次世界篮球冠军的天才教练蓝柏第有一次说：“任何一位顶天立地、有作为的人，不管怎样，最后他的内心一定会感谢刻苦的工作与训练，他一定会衷心向往训练的机会。”

在这个世界上只有努力不会辜负你的期望，它能让平凡的人和天才站在同一起跑线上奔跑，甚至超越天才，率先到达成功的终点。奋斗使一个人更充实、更崇高，它不仅帮助你获取工作、积累财富，而真正影响的是一个人的内在。帮助你开发自己的能力，更好地利用自己的潜能，成为一个真正的胜利者。

可能一些人会说，我已经努力了，为什么还失败了呢？其实，这是因为你没有做到拼尽全力。要知道，努力并且是持续的努力非常重要。必须付出不亚于任何人的努力，否则就无法在严酷的竞争中立足。而且这种努力不是一时的，而必须是持续不断、永无止境的。正如日本京瓷公司创始人曾说："所谓已经不行了，已经无能为力了，只不过是过程中的事。竭尽全力直到极限就一定能成功。"

生活中的人们，可能现在的你衣食无忧，可能你还有某些特长，过着衣食无忧的生活，可能你会有个灿烂的未来，但你不能就此停滞不前，激烈的竞争要求你不断进步，而求知与不满足是进步的第一必需品。生命有限，取得成功的唯一法宝在于不断地努力，在新的方向不断探寻、适应以及成长，这样，你将步入新的高度。

那么现在，你是否觉得急需一个导师来重新规划自己的人生？是否需要一剂强心剂来振奋你的心？本书就是一本给人力量、促人奋斗的心灵鸡汤。本书犹如一位智者娓娓道来，帮助你在充满竞争的社会中找到自己的位置、唤醒自己的梦想，更是在你为梦想奋斗过程中，帮助你排除疑惑，找到人生努力的方向和动力，最终驾驭自己的人生，实现自己的人生价值！

编著者

2017年4月

目录

Contents

第1章

勇于改变，全力拼搏是改变现状的唯一途径

我们生活中的每个人，都羡慕那些实现梦想的人，而我们大多数人都与梦想渐行渐远。为什么呢？因为我们都认为梦想终归是梦想，只把它当成了遥不可及、无法实现的目标，而始终没有为梦想做出改变，并且，他们能找出很多自己的理由，比如，“我向来如此”“我不是那块料”或“我没有资金”……其实都是缺乏意志力的人为自己找到的冠冕堂皇的借口。别忘了那句最常听却最容易忽略的话：事在人为。事实上，任何成功都源于改变自己，你只有不断地剥落自己身上守旧的缺点，才能做到敢为人先，才能抓住第一个机会，才能实现自己的进步、完善、成长和成熟。

为了梦想，要勇于离开你的安乐窝

生活中，我们每个人都有自己的梦想，然而，实现梦想的人毕竟是极少一部分人，大部分人与成功无缘，这是因为他们无法承担追求梦想带来的困难和痛苦，就追求安稳的生活，每天两点一线，上班、回家，回家、上班，逐渐对梦想失去激情，而当他们看到他人风光无限或是衣食富足时，又嫉妒得要命。天上不会掉馅饼，即使掉了也不一定会砸到你的头上，凡事有因才有果，你付出了才能有回报，甘于现状、不思进取却又企望富贵发达，这就是“白日做梦”。

我们也发现，很多成功人士并不是一开始就是含着金钥匙出生的，而是从做很卑微的工作开始，脚踏实地，一步步走向成功的，如果没有当初的改变，那么这些成功者也只能是在温饱线上挣扎的人。同样，对于生活中的我们来说，人生路上，任何一段拼搏的旅程，都是从勇于改变现状开始的。

其实，很多时候，消除恐惧的方法只是做个痛快的决定，只要想做，并坚信自己能成功，那么你就能做成。

小胡今年二十八岁了，刚开始结婚那几年，她是幸福的。她本来以为找个好人家把自己嫁出去，往后的生活会围绕着丈夫与孩子团团转，一辈子也就这样了。但是，当她真的成家以后，却经常感到很迷茫，觉得浑身不自在。

更让她感到糟糕的是，婚后的丈夫也好像变了，找了份安稳的工作后，就变得不思进取，每天下班回家后就是打扑克、泡酒吧，这让她打心眼里嫌弃丈夫的安于现状，再加上家里的经济条件并不十分宽裕，因此她很不开心，时常唉声叹气。

一个星期天，小胡的一个闺蜜邀她出去喝咖啡，诉说心里的烦恼，埋怨自己嫁错了人。好友善意地提醒她："如果你总想着让老公多赚外快，增加收入，那么你恐怕很难感到快乐。既然你自己有理想、有能力，为什么不干脆自己创业或者努力工作呢？"这番话点醒了小胡，她仔细一想，觉得好友的话十分在理，于是她开始留意身边的各种机会。

半个月后，邻居准备转让一家餐馆，她就动了心思，打算把餐馆接过来。当时，丈夫和婆婆都不同意，觉得她一个女人能干成什么事。再说，她也缺乏经营经验，而且事情太繁杂，怕她遭罪。但小胡坚持接了下来。很快，因为经营有道，她的生意红红火火。

尤其让她感到高兴的是，因为她打开了自己人生的新局面，丈夫也不再游手好闲，时常来帮她招待客人，管理餐馆的大小事务。丈夫在工作中也开始奋发向上。丈夫常感激她，说她让他自己找到了人生方向，就像周华健唱的那首歌——"若不是因为你，我依然在风雨里飘来荡去，我早已经放弃……"

如今的他们，在生活中能够互相交流自己的想法和意见，感情也比从前更加融洽了。

这就是一个聪明女人不甘于现状，用自己的能力改变现状的典范。刚开始，她围着丈夫和孩子转，她原本以为这就是幸福，但实际上，这并不是她要的生活，她很快发现自己过得并不快乐，在闺蜜的提点下，她很快找到了努力的目标。事实证明，她有能力经营好自己的事业、自己的幸福，她与丈夫的感情也比以前更加亲密、融洽了。

据社会学专家预测，未来的社会将变成一个复杂的、充满不确定性的高风险社会，如果人类自由行动的能力总在不断增强的话，那么不确定性也会不断增大。生活中的人们，你应该意识到，各种变化已经在我们身边悄然出现，勇敢地投身于其中的人也越来越多了，而如果你不积极行动起来，缺乏竞争意识、忧患意识，安于现状、不思进取，就会被时代所抛弃，被那些敢于冒险的人远远甩在后面。当然，现阶段，你应该把重点放在培养自己的进取精神上。

当然，我们每个都应该明白一个道理，说一尺不如行一寸，也只有行动才能缩短自己与目标之间的距离，只有行动才能把理想变为现实。成功的人都把少说话、多做事奉为人生的准则，通过脚踏实地的行动，达成内心的愿望。但任何行动，如果没有一个明确的指引方向，都是无意义的。

诚然，我们都渴望成功，都有自己的梦想，但梦想并不是参天大树，而是一颗小种子，需要你去播种，去耕耘；梦想不是一片沃土，而是一片蛮荒之地，需要你在上面栽种上绿色。如果你要想成为社会的有用之材，你就要“闻鸡起舞”，甚至是“笨鸟先飞”；如果你想著作出精神之作，就需要你呕心沥血……梦想的成功是建立在阶段性目标的基础上的，需要以奋斗为基石，如果你要实现你心中的那个梦想，就行动起来吧，去为之努力，为之奋斗。

未来你是谁，取决于现在你正在努力变成谁

在路易斯·卡罗尔的作品《爱丽丝漫游仙境》中，有这样一段猫和爱丽丝的对话，十分有趣：

爱丽丝问："请你指点我，我要走哪条路？"

猫问："那要看你想去哪里？"

爱丽丝回答："去哪儿无所谓。"

猫说："那么走哪条路也就无所谓了。"

这一对话寥寥数语，但却也耐人寻味。任何人，在心中无梦想、无目标的情况下，自己不知道该怎么走前面的路，别人也无法帮助你，当自己没有清晰的梦想的时，也就没有努力的方向。

我们在生活中，也经常听到人们说，"思想有多远，就能走多远"，这句话虽然有点夸张，但却是道出了思想对行动的指导作用。同样，一个人能走多远，关键也取决于我们的思想，也就是说你是谁不重要，重要的是现在你正在为成为谁而努力，如果你心中有梦想，就能找到自己的方向，就能制定出明确的目标，并为实现自己的目标而奋斗，才能成为你想成为的人。

下面一个简单的故事，蕴含了一个深刻的道理，它告诉我们——忠于梦想对于一个人的行动和未来是多么重要。

从前，在一个生意人的家里，有一匹马和一头驴子，它们俩是很好的朋友。马一般给家里驮东西，而平时驴子都在磨坊里面磨麦子。

这天，生意人要去异国做生意，需要马来驮东西，所以这匹马顺理成章被主人选中。

出发之前，马来看它的好朋友，顺便道别，道别之后马就走了，这一别就是十年，十年之后这匹马驮着满满的金银财宝回到了府里，回到它当年的好朋友驴子的磨坊里面，发现驴子还在。它们两个就一起诉说十年的分别之情。这匹马就跟这头驴子讲它这十年的所见所闻，它见了非常浩瀚的沙漠、一望无边的大海，去到一条河木头是浮不起来的叫黑水河，去到一个地方只有女人，没有男人的叫女儿国，去到个鸡蛋放到石头里能够煮熟的地方叫火焰山……

讲了很多很多。这头驴子听完流着口水说：“你的经历可真丰富呀！我连想都不敢想！”

这匹马就接着讲：“我走的这十年你是不是还在磨麦子呀？”

这头驴子说：“是呀！”这匹马就问它每天磨多少个小时，这头驴子说 8 小时。

马说：“我和主人当年，平均每天也走 8 小时，这十年我走的路程和你走的路程是差不多的。可是关键在于当年我们朝着一个非常遥远的目标，这个目标有多遥远，我们根本看不到边，可是我们方向明确，始终朝着目标迈进，最后金银满钵。”

我们在笑话驴子的同时，是否也应该反省一下自己呢？实际上，很多人就过着如同故事中的驴子般的生活，每天工作 8 小时，每天都重复着同样的工作，每天的工作都是在原地转圈圈，毫无建设性的进展。就这样安于现状，十年、二十年之后，当周围的人已经步入成功的殿堂之后，他还在原地打转。而有些人，没有甘于围着磨盘打转，他们有梦想有目标，并且认准目标就一直向前走，即使因为种种原因走了弯路，但是大方向是不变的，因为梦想在前方，在牵引着他们，他们知道，那才是他们的终点。

的确，梦想可以燃起一个人的所有激情和全部潜能，载他抵达辉煌的彼岸。我们每个人，都要在年少时就为自己树立一个梦想，而最重要的是，无论你拥有什么样的理想，都不要轻易说舍弃它。只有坚持，只有奋力拼搏，最终你才能用自己的力量去创造自己美好人生。

也许你现在还站在穷人的行列，被周围的人嘲笑，也许你承受了很多痛苦，但无论你遇到什么，如果你内心有目标，就绝不可轻言放弃。

勇敢地朝着你心中向往的那条路走下去

我们可以说，在每一个人的心中，都心存梦想，都有自己向往的生活，但如果你畏首畏尾、只是幻想而不付诸实践的话，那么你只能在一片幻想的迷途中越陷越深。因为成功与胆量有着莫大的关系，有胆量的人才有资格拥有成功。那些在取得了一点成就后就安于现状、求稳的人，最终他们只能陷于平庸。有胆量、敢于破釜沉舟的人，才会置之死地而后生，实现新的突破，才能，绝不认输奋战到底。

事实上，“勇敢”是任何一个成功者人必不可少的品质。要取得成就有很多必要条件，其中的一条非常重要，那就是：勇气。然而，我们发现，现实生活中有这样一些人，他们刚开始时都满怀理想，但在社会上打拼几年后，往往就会在时间的消磨下失去进取的锐气，无奈地满足于眼前的一切。

看那些成功者的历史，我们不难发现，他们即使到了山穷水尽的地步也没有失去勇气，他们会选择背水一战，尽管他们知道前面的路也十分艰险，但他们更知道，不冒险就无法取得任何成功，没有这一步，人生就是一潭死水，淹没的是一个人的挑战性和创造性。

哲人说，自己是最大的敌人，人有时最难突破的，就是自身的局限性。这就是为什么我们会发现那些处于困境中的人最终会取得比那些已经取得温饱的人更有作为。想迈开脚步大干一场，又不舍得抛开自己现有温饱的保障，如此瞻前顾后，必定无所作为。

日本著名的早川电机公司因为生产著名的夏普电视机而闻名于世，而其董事长早川德次却是一个命运坎坷的人。就在还在小学二年级时，他的父亲就去世了，他不得不去一家首饰加工店去当童工。

早川是个坚强的人，在他很小的时候，他就告诉自己："即使我没有疼爱我的长辈，但我一定要努力生活，做出一番成绩来。"

童工生活是辛苦的，他在首饰店每天的工作除了烧饭带孩子就是干一些体力活。时间过得很快，一晃四年过去了，有一次，小早川终于鼓起勇气向老板提出"老板，请您教我一些做首饰的手工好吗？"

老板一听，生气地对他说："小孩子，你能干什么呢？你喜欢学的话，自己去学好了！"

早川一想，是啊，为什么要靠别人，自己去学吧，于是，从那以后，他开始留心店里的技术活，尤其是当老板找他帮忙时，他都尽量多看、多想，这样，他终于靠自己的努力学到了一些关于首饰上的知识和技能。

功夫不负有心人，他成为了一个心灵手巧的人，18 岁他就发明了裤带用的金属夹子，22 岁时发明了自动笔。他有了发明之后，老板还资助他开了一家小工厂。

这种自动笔很受大众喜爱，风行一时。世界没有给他任何东西，但他却给世界很多。30 岁时，在他赚到 1000 万日元以后，就把目标转向收音机界，设立平川电机公司。

早川德次为什么能够成功？因为他能够把梦想付诸实践。生活中的人们，也许现在的你也有很多梦想，你可能希望自己能成为一个著名企业家、一名人民教师、一位歌唱家等，但无论如何，你要知道，理想不同于妄想和幻想，一定要有勇气，敢于追逐自己的梦想，要立即去做，这样你离你的梦想就不远了。

生活中，不少人渴望得到成功，渴望开创自己的事业，但每每考虑到会有失败的可能，他们就退缩了。因为他们怕被扣上愚昧的帽子，遭到别人取笑；他们不敢否认，因为害怕自己的判断失误；他们不敢向别人伸出援手，因为害怕一旦出了事情而被牵连；他们不敢暴露自己的感情，因为害怕自己被别人看穿；他们不敢爱，因为害怕要冒不被爱的风险；他们不敢尝试，因为要冒着失败的风险；他们不敢希望什么，因为他们怕失望……这种可能会遇到的风险，让那些不自信的年轻人们畏首畏尾，举步维艰，他们茫然四顾，不知道自己的出路在何方，殊不知，人生中最大的冒险就是不冒险，畏首畏尾只会让自己的人生不断倒退。

我们每个人都要记住，在现代社会，没有超人的胆识，就没有超凡的成就。在这个时代，墨守成规，缺乏勇气的人，迟早会被时代所抛弃。处处求稳，时时都给自己留有退路，这是一种看似稳妥却充满潜在危机的生存方式。作为年轻人，要想拥有自己想要的生活，就要勇敢地走心中向往的那条路，并且一直走下去。

决不放弃，方能置之死地而后生

我们都知道，在人生道路上，困难和挫折是难免的，尤其是希望有一番成就的人们，更要有心理准备，人生会起起伏伏，我们无法预料，但是有一点我们一定要牢牢记住：绝境能吞噬弱者，也能造就强者。当你遇到逆境时，千万不要忧郁沮丧，无论发生什么事情，无论你有多么痛苦，都不要沉溺于其中无法自拔，不要让痛苦占据你的心灵。即便身处绝境，我们也要有勇气直面困难并且做到一直向好的方向行进，这才是一种努力达到和谐的状态，那么，你最终将战胜困难，走出困境。

人们常说“置之死地而后生”。为什么生命在“死地”却能“后生”？就是因为“死地”给了人巨大的压力，并由此转化成了动力。没有这种“死地”的压力，又哪有“后生”的动力？这一点，也向我们证明了困境的激励作用。

实际上，上天对我们每个人都是公平的，为什么有些人能摘取成功的果实，有些人却只能甘于平庸？其中一个很大的原因就在于他们是否有走出困境的毅力。命运在为我们创造机会的同时，也为我们制造了不少“麻烦”。此时，如果倒下了，那么你也就失去了成功的机会；如果你经过挫折、失败的锤炼后变得更加坚强，那么你就是真正的强者。

她天生就是个与众不同的女孩子，因为她患有小儿麻痹症，一些基本的行走动作，她也无法完成。身体上的缺陷，一度让她陷入了深深的自卑之中，尽管医生也曾鼓励她，只要她能配合治疗，是有可能恢复健康的，但她完全没有听进去。

时间过得很快，她在慢慢长大，但和她的年龄一样，自卑在她的心底也扎下了根，她甚至不愿意接触周围的人。但也有个例外的情况，她和她的邻居老人关系很好，这个老人在战争中失去了一只胳膊，但却一直很乐观，也常常向她讲一些故事。

这天，老人用一只胳膊推着她去附近的幼儿园散步，他们被孩子优美而充满童真的歌声打动了。歌曲唱完时，老人说：“多么优美的歌声，我们为他们鼓掌吧！”

听完老人的话，她很吃惊地说："我的胳膊动不了，而你只有一只胳膊，怎么鼓掌啊？"

老人对她笑了笑，然后用仅有的一只手解开了纽扣，露出胸膛，用手掌拍起了胸膛……

她愣住了，但却知道了一些道理。晚上的时候，她请求父亲帮忙，写下了这样一行字贴在墙上："一只巴掌也能拍响。"

她被鼓舞了，从那之后，她开始配合医生做运动。这是一个艰苦的过程，但她一直咬牙坚持着，终于，所有的努力开始出现了成效，她有了一点进步。她继续努力着，有时候她的父母不在时，她干脆扔掉支架，试着自己走路。

蜕变是痛苦的，但是一直有一个信念支撑她一定要和别的孩子一样在草地上走着、跑着……在她 11 岁时，她终于扔掉支架，她认为自己有更大的潜能，她开始锻炼打篮球和参加田径运动。

1960 年，她参加了罗马奥运会女子 100 米跑决赛，她获得了 11 秒 18 的出色成绩，在她冲向终点的那一刹那，人们都纷纷站起来为她喝彩，这一刻一个美国黑人的名字震颤了所有人：威尔玛·鲁道夫。从此，威尔玛·鲁道夫被人们称为当时世界上跑得最快的女人，她共摘取了 3 枚金牌，也是第一个黑人奥运女子百米冠军。

从威尔玛·鲁道夫的故事中，我们每个人其实都应该明白一个道理：任何时候，只要不放弃希望，哪怕只剩下一只胳膊，也可以为自己鼓掌，为生命喝彩。任何时候都不要放弃梦想，要说成功有什么秘诀的话，那就是坚持，坚持，再坚持！

法国作家巴尔扎克说："挫折就像一块石头，对于弱者来说是绊脚石，让你却步不前；而对于强者来说却是垫脚石，使你站得更高。"只有抱着崇高的生活目的，树立崇高的人生理想，并自觉地在挫折中磨炼，在挫折中奋起，在挫折中追求的人，才有希望成为生活的强者。

的确，当我们面临考验之际，往往会误以为是已经到了绝境，但此时，不妨静下心来想一想，难道真的没有机会了吗？当然不，只要你满怀希望，坚持下去，你会发现，你在经受的只是一个考验，考验过去后就是光明，就是成功。

第2章

放手拼搏，有些事再不去做就晚了

杰克·韦尔奇曾如此说道：如果你有一个梦想，或者决定做一件事，那么，就立刻行动起来；如果你只想不做，是不会有所收获的，而你也只会落得失望的结果。然而，在我们的现实生活中，失败者是思想上的巨人、行动上的矮子，他们总是为自己找很多借口，比如“来不及了”“年纪大了”等，而成功者则完全相反，因为他们深知只要有梦想，只要去做，何时都不晚。的确，一旦有了自己的梦想或者目标，就要立刻着手进行，不要拖延，不要想着以后，也没有什么来不及的，因为现在就是最好的开始。

放手去做，别让人生浪费在无尽的等待中

生活中的人们，不知你是否曾有过这样的冲动，加班的周末，你突然想骑上自行车去郊外吹吹风？或者想请一段时间的假，进行一场一个人的旅行，在有风的季节，去看看海、树、云、天，与一些好心的陌生人打交道，或者想起曾经一位许久不见的好友，突然想去看看他？再或者你想起了曾经年少时的一个梦，你突然很想去做点什么……无论你想去做什么，就去做吧，要知道，人生几十年，白云苍狗，如果现在不做，一辈子可能都做不了。

我们常说“人生苦短”，每个人都希望获得幸福，而其实大多数人的要求其实都很简单，做着自己喜欢的事情，便是莫大的幸福。然而实现它却并不容易。怎样才能实现？只要我们遵从自己的内心、立即去做就能达到。

我们来看看下面的一个真实故事：

伊丽莎白，她82岁从哈佛大学毕业。她之所以能成为哈佛人敬重的对象，并不是因为她已年迈，而是因为她有一颗勇敢的心。

又是一年毕业典礼，这一天，伊丽莎白和其他毕业生一样身穿学士服，头戴黑色学士帽，她从校长手中接过自己的学士毕业证书。另外，她还被

颁发了一项表彰其学术成就和品德的奖项。在这一刻，伊丽莎白是激动的。她的勇气终于有了收获。

事实上，伊丽莎白能拿到哈佛大学的毕业证书，也是一个相当艰难的过程。

1941，伊丽莎白就从高中毕业了，随后，她结婚了，并生了 4 个孩子。再随后，她有幸成为了哈佛大学健康服务部的员工，在哈佛大学工作，她被学校这种浓厚的学习氛围感染，慢慢地，她开始穿梭于各个课堂之间，旁听各种课程。

就这样过了很多年，伊丽莎白并没有正式注册成为哈佛的学生，因为她认为自己根本没有能力完成这么多课程。然而，就在 9 年前，她的同事和同学都开始鼓励她，这让她又产生了争取学位的念头。

此时的伊丽莎白已经是 73 岁的高龄。对于这样年纪的人来说，安享晚年大概是最好的选择，但伊丽莎白不甘心，她告诉自己，一定不能就这样放弃。于是，她再次鼓起勇气，走进了哈佛的课堂，为此，她还给自己制定了十年的目标，也就是要在 83 岁之前从哈佛毕业。

如今满脸皱纹的伊丽莎白在哈佛工作了 25 年，学习了 20 年，攻读了 9 年学位，最终赶在自己的孙女之前获得了本科学历。

在哈佛，伊丽莎白可谓是独特的一位学生。许多教授，都以伊丽莎白的事迹作为案例，鼓舞学生：树立信心、勇敢尝试，走属于自己路。

的确，生活中，有太多的人，他们把一生浪费在了等待中，他们白白地浪费了宝贵的生命。多少人，他们曾经是一个英姿飒爽的少年，但如今却已步履蹒跚。如果你不想重蹈他们的覆辙，你就要告诉自己，选择去尝试，勇敢一点，才不会自己后悔。

所以，生活中的人们，喜欢一件事，你就开始去做吧。即使此时此地只能把它当成业余爱好，你坚持去做了，点滴积累，有一天，它会成为你的专长，成为你可以靠之养活自己的看家本领。你要去相信，你最愿意做的那件事，才是你真正的天赋所在。

人生需要选择，需要你果敢地去拼搏，去行动，去做自己该做的事情，哪怕你很畏惧，哪怕你很犹豫，但如果摆在你面前的路是正确的，你就要立即行动起来。

有句话说得好："选择你所爱的，爱你所选择的"。年轻人，为了培养你对工作的热情，在择业之前，你首先应该考虑自己的兴趣。一般情况下，如果你真的不喜欢自己所做的事情，对它缺少积极性，那么这是不值得的，不管你得到的薪水有多高，不管你的职业生涯攀上了多少高峰，都是不值得的。

如果你并不了解自己的兴趣所在，你怎样才能挖掘出它们呢？有很多方法可以做到这一点。例如，在你目前的工作中，你最喜欢它的哪些方面？是和他人共处，还是智力挑战，还是解决问题之后的满足感？

总之，人生就是如此，只要你敢于跨出第一步，去做你想做的事，你就能获得源源不断的动力，你就能朝着目标不断迈进，最终收获一番成就。

勇敢迈出行动的第一步

一只鸟的翅膀再大，如果不努力挥舞，又怎能展翅高飞呢？一个人的才能再高，如果不努力拼搏，又怎能走向成功呢？一个国家的物产再丰富，如果不努力发展，又怎能屹立于世界民族之林呢？这一切都说明：再伟大的目标也要建立在行动的基础上。其实，对于梦想的实现也是如此，每个人的内心深处都埋藏着黄金，但唯有行动，才能让我们释放潜能、让我们发光发热。

然而，实际生活中，人们都想成功，但却很少有人愿意为成功付出努力。而那些成功者之所以会成功，是因为他们即使害怕也会行动，而大多数人正是因害怕而没有作为。约翰·沃纳梅克——美国杰出的商业家这样说过："没有什么东西你是想得到就能得到的。"成功的人与那些蹉跎人生的人的最大区别，就是——行动！如果你能追溯那些成功人士的奋斗之路，你就会感叹："难怪他会做得这么好！"怎么样的行动能获得最大的成功呢？是马上行动！只要你敢于迈出别人不敢迈的那一步，你就能比别人快"半拍"，就能成为第一个吃螃蟹的人。

因此，我们每个人要想成功，就要认识到行动的重要性，就应该做到敢为人先。现代乃至未来社会，执行力就是竞争力，成败的关键在于执行。

人生目标确定容易实现难，但如果不去行动，那么连实现的可能也不会有。没有行动的人只是在做白日梦，所以心动不如行动，勇于迈出行动的第一步，你成功的机会就会提高，而光想不做，那你将永远没有实现计划的可能。

索尼 (SONY)，是日本的一家全球知名的大型综合性跨国企业集团。索尼是世界视听、电子游戏、通信产品和信息技术等领域的先导者，是世界最早便携式数码产品的开创者，是世界最大的电子产品制造商之一、世界电子游戏业三大巨头之一、美国好莱坞六大电影公司之一。

从 20 世纪 50 年代开始，索尼公司不断推出一些市场上不曾有过的产品，如电晶体收音机、电晶体个人专用电视机等，索尼在市场上一直具备先锋带头作用，他们研发出来的每一种产品，都会成为其他企业模仿的对象，所以，要想保持他们在行业内的优势，就必须不断创新。

一次，总裁盛田昭夫来到公司，看到一个员工手上拿着一个手提式录音机，好像不大高兴的样子，盛田昭夫问他有什么心事，他说："喜欢听音乐，可提着听太不协调了。"一个创意很快来到盛田昭夫的脑子里——制造一个随身能够听的录音机。在一次产品策划会议上，这个创意普遍不受欢迎，但盛田昭夫坚持尝试。不久，第一架带着小型耳机的实验品送来了，灵巧的尺度与高品质的音效使他很开心。1979年索尼推出第一台随身听。

很快，市场验证了盛田昭夫的决定是明智的，这类小型收音机简直是供不应求，并且，他们借助广告来刺激销售，而且试制了不同机型如防水、防尘机型，甚至有更多改良的机器型号。当然其效果是明显的，著名指挥家卡拉扬、音乐名家史坦恩都找盛田昭夫订购。也许正因为如此，索尼公司才跻身于全世界最大耳机制造商之林，在日本也占有将近50%的市场。

这样一个全新的市场，还担心别人的竞争吗？在他人已经涉足甚至做得如火如荼的行业里努力，远不如独自开辟一个市场更容易成功。比尔·盖茨曾经说过："微软处处领先，靠的就是不断地更新。我们要做第一个吃螃蟹的人，就要保证我们自己而不是别的什么人将我们的产品更新换代。对于一个企业来说如此，对个人来说也是如此。"

不难发现，我们生活的周围，很多人都对未来做出了各种各样的构想，但真正执行的人，却少之又少。每每考虑到会有失败的可能，他们就退缩了。因为他们怕被扣上愚昧的帽子，遇到别人取笑；他们不敢爱，因为害怕不被爱的风险；他们不敢尝试，因为要冒着失败的风险；他们不敢希望什么，因为他们怕失望……这种可能会遇到的风险，让他们畏首畏尾，举步维艰，他们茫然四顾，不知道自己的出路在何方，殊不知，如果你连第一步都不敢开始的话，你永远不可能看到追求人生目标之路上的风景。

人间的事情没有一件绝对完美或接近完美，如果要等所有条件都具备以后才去做，只能永远等待下去了。如果一个人一直在想而不去做的话，根本成不了任何事。

总之，你需要记住，千里之行，始于足下；不积跬步，无以至千里；不积小流，无以成江海。凡事要想做大，都得从小处做起，从眼前最基本的事物做起。如果一个人心里有远大的理想，却不愿意一步一步去努力，那他永远也不会有美梦成真的那一天。

燃烧梦想，何时都不晚

相信我们生活中的每一个人，在年少时都有自己的梦想，都有心中所向，的确，梦想可以燃起一个人的所有激情和全部潜能，载他抵达辉煌的彼岸，然而，随着时间的流逝，一些人终将自己的梦想搁浅，当人们问及他们为何放弃梦想时，他们的回答是："来不及了""年纪大了"等，然而这些都是借口，一个人只要心中有梦，年龄并不能阻止我们追梦，最重要的是立即去做，去执行，梦想只有通过努力才能实现。

在古今中外的历史上，大器晚成的故事比比皆是。

有这样一个人，在他5岁的时候父亲就离开了他，14岁从学校逃学，然后开始了自己的流浪人生。他去过农场，当过电车售票员，但这些都让他无法开心起来，在他16岁那年，他参军了，这也不顺心，一年后，他来到了阿拉巴马州，在那里他开了个铁匠铺，不过没过多长时间就倒闭了。

然后，他在在南方铁路公司谋得机车司炉工这一工作，他开始觉得很有意思，认为自己找到了最终的工作岗位。

18 岁时，他就结了婚，几个月之后，他的太太怀孕了，但此时，他却被通知自己被南方铁路公司解雇了。

接下来，他必须要找到新工作，但在这期间，他的太太居然变卖了他所有的家产，然后回了娘家。这再一次证明他失败了。

随后大萧条开始了，他虽然失败了很多次，但是依然努力。后来，他又通过函授学习了法律，不过最终因生计问题而放弃。然后他又卖过保险和轮胎，也经营过一条渡船，还开过一家加油站。但可惜的是这些都以失败而告终。

再后来，他到一家餐馆当主厨，但不久之后，一家新公路要从这家餐馆穿过，他再次失败了。

转眼，他到了退休的年纪，到此刻，他还是一事无成。日子就这样一天一天过去。这一天，邮递员给他送来一份社会保险支票，到那时，他才意识到自己开始老了。但也就在那一刻，他身上所有的潜能爆炸开了。

有人同情他的遭遇，然后对他说："本来你该击球的时候，你都没击中，就别再逞强了，老了，就休息吧。"他却不以为然。

然而，就凭借证明他老了的那张退休金支票——105 美元，他开始了自己的事业——肯德基，现如今，他事业成功，而他，成功时已是 88 岁。

从哈伦德·山德士的经历中，我们可以看到，一个人只要敢于追逐自己的梦想，无论何时都不晚。

事实上，一个人的成才与事业成功与年龄并无直接的关系，而是在于内心有一颗永熄灭的、火热的心始终对梦想有着强烈的冲动，只要你一直走心中向往的那条路，即便你已经年逾古稀，你依然能驾驭自己的人生，实现自己的人生价值。

可见，现代社会，没有超人的胆识，就没有超凡的成就。不敢冒险就是最大的冒险。勇于尝试才有做第一个成功者的机会。胆量是使人从优秀到卓越的最关键的一步。你需要勇气，需要胆量，你不是弱者，机会是给敢于迎接挑战的人！

所以，我们要记住的是，一定要追随自己的内心，要敢于追逐自己的梦想，要永葆激情、不断摸索、不怕失败，最终你会找到自己的一条路，最终也会做出成就。

生活中的人们，为梦想努力吧，假如你是一名学生，为分数而努力学习，你就会得到分数，但如果为充实自己、为求知读书，除了在得到分数外，你会获得知识和成长；为了挣钱而做生意，你的努力会帮你实现财富梦，但为了事业而做生意，除了财富外，你获得还有为之打拼的快乐；为每月定时发放的薪水而工作，你可能得到较少的薪水，但如果你为提高公司业绩而奔走，你不仅会得到较多的薪水，也会得到满足和同事的敬重，你对公司的贡献将会大得多，你的报酬也会多得多。

总之，梦想具有无穷的力量。梦想会给我们带来快乐，只要你追随自己的天赋和内心，你就会发现，你的生命被赋予了更高的意义，你也不再是消磨光阴，而是在让时间闪闪发光，奋斗也就是快乐的事。

立即行动，一秒钟也不能耽误

有人说世界上的人可以分为两种类型。成功的人都很主动，我们叫他“积极主动的人”；那些庸庸碌碌的普通人都很被动，我们叫他“被动的人”。仔细研究这两种人的行为，可以找出一个成功原理：积极主动的人都是不断做事的人，他真的去做，直到完成为止；被动的人都是不做事的人，他会找借口拖延，直到最后他证明这件事“不应该做”“没有能力去做”或“已经来不及了”为止。

有人说天下最悲哀的一句话就是：我当时真应该那么做却没有那么做。每天都可以听到有人说：“如果我在那时开始那笔生意，早就发财了！”或“我早就料到了，我好后悔当时没有做！”

的确，很多时候，我们的一次迟疑很可能就延误了行动的最佳时机。行动的天敌就是拖延，停止拖延的最好方法就是马上付诸行动。犹太人占全球的1%，但全球7%的财富却掌握在他们手中，因为他们是行动的主人。犹太人做任何事都尽最大的努力，从来不把今天的事留给明天。从不拖延，今日事今日毕。同时，我们做事要坚决果断，这是成功者最为重要的内在素质。

比尔·盖茨说：“你不要认为那些取得辉煌成就的人有什么过人之处，如果说他们与常人有什么不同之处，那就是当机会来到他们身边的时候，立即付诸行动，决不迟疑，这就是他们的成功秘诀。”

在我们的生活中，很多人都有周游世界的梦想，可是有几个人能不顾一切地去实现它呢？然而，一个叫索菲娅的女孩就做到了。

索菲娅是某世界知名大学的一位歌剧演员。

在一次演讲中，她当着全校师生的面提及自己的梦想——毕业以后先去欧洲进行为期一年的旅游，然后，她要去纽约的百老汇闯出一片天地。

就在她结束演讲的这天下午，她的心理学老师找到她，然后对她说：“我听说你想去百老汇，那么，你今天去百老汇跟毕业后去有什么差别？”

老师的话点醒了索菲娅，她仔细一想：“是呀，大学并不一定能为自己争取到去百老汇的机会。”于是，索菲娅决定一年以后就去百老汇闯荡。

这时，老师又问她：“你现在去跟一年以后去有什么不同？”

索菲娅一想，的确如此，接下来，她告诉老师自己决定下学期就出发。

老师紧追不舍地问："你下学期去跟今天去，有什么不一样？"是啊，老师说得对，接下来，索菲娅有些晕眩了，她仿佛现在已经置身于百老汇那金碧辉煌的舞台上了……她说，我决定下个月就去。

老师乘胜追击问道："那一个月以后去和今天去又有什么不同呢？"

索菲娅的心情很激动，她说："好，我准备一下，一个星期以后就出发。"

老师步步紧逼："百老汇什么买不到？那些生活用品更是到处都是。那你要一个星期的时间准备什么呢？"

索菲娅激动地说道："好，我明天就去。"老师赞许地点点头，说："我已经帮你预订好明天的机票了。"

第二天，索菲娅就坐飞机来到了全世界艺术的最高殿堂——美国百老汇。

这天，百老汇一位著名的制片人真在筹备一部经典剧目，很多艺术家都前去应征主教。按照步骤，制片人需要先从众多应征者中挑选出 10 位候选人。索菲娅得知这个消息后，并不是花时间去为自己置办行头，也没有去学习如何打扮自己，而是先从一位化妆师那里要到了剧本。接下来的两天时间里，她把自己关在出租屋里自编自演。

面试这天终于到了，索菲娅有点紧张，但稍作深呼吸之后，她给自己打足了气，当制片人问及她的表演经历时，她笑了笑，然后说："我可以给您表演一段原来在学校排演的剧目吗？就一分钟。"制片人首肯了，他不愿让这个热爱艺术的青年失望。

索菲娅表演的正是制片人要排演的剧目，制片人惊呆了，因为眼前这位姑娘的表演实在太棒了。他马上通知工作人员结束面试，主角非索菲娅莫属。就这样，索菲娅来到纽约没几天就顺利地进入了百老汇，开始了她灿烂的艺术人生。

听完索菲娅的故事，生活中的人们，你是否有所启示？的确，成功的人与那些蹉跎人生的人的最大区别，就是——行动！如果你能追溯那些成功人士的奋斗之路，你就会感叹："难怪他会做得这么好！"怎么样的行动能获得最大的成功呢？是马上行动！生活中的你们，再也不要再感叹时光荏苒了，从现在起，立即行动吧，下一刻也许就是成功！

第3章

与时间赛跑，别让人生空耗在懒惰上

我们都已经认识到，人生路上，除了拼搏和努力能实现梦想外，别无他法，那些成功者无不是付出了比别人更多的努力。与勤奋和努力相对的，就是懒惰，我们发现，生活中，一些人混混噩噩，有的人寄希望于明日，总是幻想美好的未来；而更多的人虽极想克服这种行为，但往往不知道如何下手，因而得过且过，日复一日。但实际上，只有那些能与惰性作斗争并最终克服惰性的人，才与成功有缘。

懒惰只会空耗我们的时间和生命

古人云："业精于勤，荒于嬉；行成于思，毁于随。"这句话告诉我们：学业由于勤奋而精通，但它却荒废在嬉笑声中，事情由于反复思考而成功，但他却能毁灭于随随便便。任何人，即使是天才，如果不克服懒惰、做事拖延，最终也会变成一个懒汉。

相反，那些为梦想拼尽全力的人，无不认识到时间的重要性。的确，人的一生，短短几十载而已。如果我们浪费时间，工作和生活中总是拖拖拉拉，那么最终只能白白浪费生命，而假如我们能充分利用自己的时间和精力，勤奋做事，那么我们绝对可以做出更有价值的事情来。

生活中的你如果是一个懒惰的人，那生活中的你大部分都在浪费时间，无所事事，即便是做一件事情，也是担心这个担心那个，或者找借口推迟行动，结果往往错失了机会和灵感，到了最后，你只能去羡慕那些因为勤奋而获得财富者。

拖沓、懒散的生活态度，对许多人来说已经是一种常态，要想有所成就，我们就应该忍耐惰性，努力让自己变得勤勉起来。

莫泊桑是19世纪法国著名作家。他从小酷爱写作，孜孜不倦地写下了许多作品，但这些作品都是平平常常的，没有什么特色。莫泊桑焦急万分，于是，他去拜法国文学大师福楼拜为师。

一天，莫泊桑带着自己写的文章，去请福楼拜指导。他坦白地说："老师，我已经读了很多书，为什么写出来的文章总感到不生动呢？"

"这个问题很简单，是你的功夫还不到家。"福楼拜直截了当地说。

"那——怎样才能使功夫到家呢？"莫泊桑急切地问。

"这就要肯吃苦，勤练习。你家门前不是天天都有马车经过吗？你就站在门口，把每天看到的情况，都详详细细地记录下来，而且要长期记下去。"

第二天，莫泊桑真的站在家门口，看了一天大街上来来往往的马车，可是一无所获。接着，他又连续看了两天，还是没有发现什么。万般无奈，莫泊桑只得再次来到老师家。他一进门就说："我按照您的教导，看了几天马车，没看出什么特殊的东西，那么单调，没有什么好写的。"

"不，不不！怎么能说没什么东西好写哟？那富丽堂皇的马车，跟装饰简陋的马车是一样的走法吗？烈日炎炎下的马车是怎样走的？狂风暴雨中的马车是怎样走的？马车上坡时，马怎样用力？车下坡时，赶车人怎样吆喝？他的表情是什么样的？这一些你都能写得清楚吗？你看，怎么会没有什么好写呢？"福楼拜滔滔不绝地说着，一个接一个的问题，都在莫泊桑的脑海中打下了深深的烙印。

从此，莫泊桑天天在大门口，全神贯注地观察过往的马车，从中获得了丰富的材料，写了一些作品。于是，他再一次去请福楼拜指导。

福楼拜认真地看了几篇，脸上露出了微笑，说："这些作品，表明你有了进步。但青年人贵在坚持，才气就是坚持写作的结果。"福楼拜继续说："对你所要写的东西，光仔细观察还不够，还要能发现别人没有发现和没有写过的特点。如你要描写一堆篝火或一株绿树，就要努力去发现它们和其他的篝火、其他的树木不同的地方。”莫泊桑专心地听着，老师的话给了他很大的启发。福楼拜喝了一口咖啡，又接着说：“你发现了这些特点，就要善于把它们写下来。今后，当你走进一个工厂的时候，就描写这个厂的守门人，用画家的那种手法把守门人的身材、姿态、面貌、衣着及全部精神、本质都表现出来，让我看了以后，不至于把他同农民、马车夫或其他任何守门人混同起来。”

莫泊桑把老师的话牢牢记在心头，更加勤奋努力。他仔细观察，用心揣摩，积累了许多素材，终于写出了不少有影响的世界名著。

从莫泊桑拜师这个故事中，我们应该应当有所领悟，功到自然成，成功之前难免有失败，难免有很多不足，然而只要能克服困难，坚持不懈地努力，那么成功就在眼前。

懒惰体现在两个方面，懒惰的思维和懒惰的行为，可以说，懒惰不仅是一个人成功的大敌，而且，它还是我们不良情绪的源头。在充满困难与挫折的人生道路上，懒惰的人过着极为单调的生活，在他们的生活里，只习惯于等、靠、要，从来不想发现、拼搏、创造，最终他们不仅错过了多姿多彩的生活，而且将一事无成。

总之，一个人成就的大小取决于他做事情的习惯，立志拼搏的第一步就是克服惰性。我们要想完成既定目标，取得成功，就应该培养勤勉的习惯。一旦养成了这个习惯，“完成目标，马上行动”就会成为一件自然而然的事情。

机遇总是钟情于勤奋不拖延的人

我们任何一个人都知道，世界上没有一件有价值的东西可以不通过辛勤劳动而获得，不吝惜自己汗水的人，也必将会有丰厚的收获。一个成功者的成功之处就在于他总是比别人多付出一些，比别人多向前迈进一步，他们的人生信条就是：做到竭尽全力，拼到感动自己。

当我们分析成功人士取得成功的原因时，会发现其实他们的出身背景并没有那么光鲜。那些大公司的经理、著名的传教士、政府高级官员以及各行业的知名人士都可能来自贫寒、破碎家庭、偏僻的乡村甚至于贫民窟。这些人现在是社会上的领导人物，但他们的成功无不是源于努力，并且是超乎常人的努力。正如一句名言所说："一个人如果想要获得成功，就必须要付出与之相应的自我牺牲。如果期望的是较大的成功，就需要付出较大的自我牺牲，如果还想取得更大的成功的话，那就意味着更大的自我牺牲。"

全世界最早的现代成功学大师和励志书籍作家、曾经影响美国两任总统及千百万读者的成功学大师的拿破仑·希尔深知成功就是一连串的奋斗，对此他特意讲了一个故事：

"我最要好的朋友是个非常有名的管理顾问。一走进他的办公室，马上就会觉得自己'高高在上'似的。办公室内各种豪华的摆设、考究的地毯、忙进忙出的人潮以及知名的顾客名单都在告诉你，他的公司的确成就非凡。但是，就在这家鼎鼎有名的公司背后，藏着无数的辛酸血泪。他创业之初的头六个月就把十年的积蓄用得一干二净，一连几个月都以办公室为家，因为他付不起房租。他也婉拒过无数的好工作，因为他坚持实现自己的理想。他也被顾客拒绝过上百次，拒绝他的和欢迎他的客户几乎一样多。就在整整七年的艰苦挣扎中，我没有听他说过一句怨言，他反而说：‘我还在学习啊。这是一种无形的，捉摸不定的生意，竞争很激烈，实在不好做。但不管怎样我还是要继续学下去。’他真的做到了，而且做得轰轰烈烈。我有一次问他：‘把你折磨得疲惫不堪了吧？’他却说；‘没有啊！我并不觉得那很辛苦，反而觉得是受用无穷的经验。’看看‘美国名人榜’的生平就知道，这些功业彪炳千秋的伟人都受过一连串的无情打击。只是因为他们都坚持到底，才终于获得辉煌成果。”

拿破仑·希尔正是希望通过这个故事，告诉生活中的人们，天下没有不劳而获的事，成功需要一连串的奋斗，如果我们能够时刻不忘积累经验、总结教训，做到不断学习的话，那么即使失败，也可更上一层楼。

另外，一个人要想获得人生的幸福，那么每一天都应该勤奋工作。付出不亚于任何人的努力是一个长期的过程，只要坚持就一定能够获得不可思议的成就。事实证明，任何一个取得成功的人，都是因为他付出了超乎常人的努力。

身处职场的你，可能现在的你薪水不薄、工作稳定，但如果你希望在职场取得一定的成就，你就不能就此停滞不前，激烈的竞争要求你不断进步，而求知与不满足是进步的第一必需品。要知道，任何时候，职场也总是垂青于那些勤奋不拖延的人。

可见，我们一定要形成勤奋努力、不拖延、勤勤恳恳的工作习惯，因为只有努力奋斗才会充实你的人生，这就是你的人生不断增值的砝码。

总之，我们必须要记住，要想得到机遇，想要做出成绩的话就要秉持着今天要比昨天好、明天还要比今天进步的态度，每天实实在在去努力。我们工作的目的之一就是实现自身的价值，而这不就存在于那努力不懈的付出、脚踏实地的行动，以及兢兢业业的求道中吗？只有对手头的每一样工作都异常认真，做到不拖延、不马虎，这种看似傻的工作态度，如果能长期坚持下去，你必能在职场实现你的卓越人生。

今日事今日毕，别指望明天

人的一生，短短几十载，生命是有限的。生活中的每一个人，无论是工作、生活还是学习，无论是大事还是小事，凡是应该立即去做的事情，就应该立即行动，决不能拖延，要尽全力日事日清。的确，我们的一生中，确实有很多个明天，但如果把什么都放在明天做，那明天呢？明天的明天呢？有句话说得好，“我们活在当下”，明天属于未来，我们只有把握好现在，才能决定明天的生活。

任何事，今日不清，必然积累。就比如一根稻草，千万别看轻它，一根不起眼，但当一根根稻草堆成了山，再强壮的骆驼也会被压死。

在海尔，张瑞敏推行一种名为“OEC”的管理方法。“OEC”管理法也可表示为：“日事日毕、日清日高”，即：当天的工作当天完成，每天工作要清理并要每天有所提高。“OEC”管理法由三个体系构成：目标体系、日清体系、激励机制。首先确立目标，日清是完成目标的基础工作，日清的结果必须与正负激励挂钩才有效。

实际上，拖延并非人的本性，它是一种恶习。这种坏习惯，并不能使问题消失或者使解决问题变得容易起来，而只会制造问题，给工作造成严重的危害。成功者从不拖延，而他们中的大多数人只是发挥了本身潜在能力的极少部分，因为他们对工作的态度是立即执行，所以把握了成功。那么，为什么我们还要逃避现实，还要忍受拖延造成的痛苦呢？

有一位美丽的女士，她怀孕了，无聊的她想打发时间，于是，她买来一些漂亮的毛线，想着给未出世的孩子织一件衣服，可是她却迟迟没动手，她总是懒懒地躺在床上，每当她想到那些毛线时，她总是告诉自己："还是先吃点东西，看看电视，等会儿再说吧。"可是等她吃完东西、看完电视以后，她发现天已经黑了，于是，她会说："晚上开着灯织毛衣对孕妇的眼睛不好，还是明天再织吧。"到第二天，她还用同样的借口拖延。

她的丈夫是个贴心的好男人，他心疼妻子，就并未催促她，她的婆婆看到那些被放到柜子里的毛线，本想替她织，但她却坚决要自己为孩子织毛衣，她还心想，如果是个女儿，一定要织个漂亮的毛裙，如果是个男孩，就织一件毛裤。但随着她的肚子越来越大，她越来越不想动，后来，她告诉自己，要不就等孩子生出来再织也行。

时间过得真快，孩子很快生出来了，是个漂亮的小姑娘，带孩子成了她主要的工作，孩子渐渐长大，很快就到一岁了，可是那件毛裙还没开始织，后来，她发现，这些毛线已经不够给孩子织毛衣了。于是打算只给孩子织一个毛背心，不过打算归打算，动手的日子却被一拖再拖。当孩子两岁时，毛背心还没有织。当孩子三岁时，她想，也许那团毛线只够给孩子织一条围巾了，可是毛背心始终没有织成。渐渐地，她已经想不起来这些毛线了。孩子开始上小学了，一天孩子在翻找东西时，发现了这些毛线。孩子说真好看，可惜毛线被虫子蛀蚀了，便问妈妈这些毛线是干什么用的。此时她才又想起自己曾经憧憬的、漂亮的、带有卡通图案的花毛裙。

这只是生活中的一个小故事，但它却告诉我们一个道理，拖延习惯会毁掉我们最美好的梦想，要克服拖延的习惯，必须先抛弃拖延的心理。如果不下决心现在就采取行动，那事情永远不会完成。

的确，你要明白，无论是谁，每天都有 24 小时。比之时间长河，人的一生是那样短暂。你只有抓紧每天的时间学习，才不会让人生虚度，对此，你可以这样做：

1. 制定每日工作计划，并保证完成

为自己一天的活动制定一个详细的计划，每项活动完成的时间要详细规定好，并严格要求自己在规定的时间内完成。

2. 以较小的时间单位办事

这样有利于充分安排和利用每一点点时间，一时节约的时间和精力或许不多，但长期积累，可节约大量的时间。许多科学家、企业家、政治家办事常以小时、分钟为单位，而一般人常以天为时间单位。美国人办事常以小时、分钟为单位来计算，而我们办事常以一天、一周为单位来计算。

3. 多限时

人的心理很微妙，一旦知道时间很充足，注意力就会下降，效率也会跟着降低；一旦知道必须在什么时间里完成某事，就会自觉努力，使得效率大大提高。所以，你可以充分发挥自己的潜力，多给自己限时办事或者学习。

因此，从现在开始，你用“立即执行”的好习惯取代“拖延”，这样，你就能不断积累知识。并且，马上行动可以应用在人生的每一阶段，帮助你做自己应该做却不想做的事情。对不愉快的工作不再拖延，抓住稍纵即逝的宝贵时机，实现梦想。

形成条理，优先处理最重要的事

我们都知道，现代社会，时间已成为一种有限的资源，时间就是金钱，时间就是生命，于是，忙碌的人们总是不断地与时间赛跑，高度紧张的神经让人们开始疲乏，甚至身心俱疲，而我们不妨反问一下自己，难道真的做不到让脚步放慢一点吗？事实上，人们之所以忙乱，是因为他们不懂得合理安排时间，所以做事效率低下。如果我们在做事之前先静下心来，理清思绪，合理安排，列出事务处理的先后顺序，那么事情往往会达到事半功倍的效果。

罗老板是一家机械公司老总，这天，根据预约，他会见了一名效率专家。

这名效率专家叫皮埃尔，他声称自己可以帮助罗先生管理好这家机械公司，罗先生以为这名皮埃尔先生是市井之徒，于是，他赶紧称自己不相信那些书本上的管理知识，需要的是实际的执行计划。

皮埃尔知道让罗先生相信自己就要拿出真本事来，于是，他说："只要十分钟就好。"接下来，他拿出一张白纸，然后递给罗先生说："罗总，你先在这张纸上写下你明天要做的你认为的最重要的六件事。"罗先生照做了。然后，皮埃尔又说："现在，按照你认为的重要性进行排序，在它们后面标上数字。"罗先生又照做了，就这样，五分钟过去了。

"现在，请把你手里的转这张纸放到你的口袋里，明天早上起来的时候，什么都不要想，做第一件事，直到你认为已经完美做好为止，然后再按照顺序来逐一处理其他事。即便你其他事一件没做也没关系，因为你始终在做最重要的事。"

罗先生若有所思地点头，皮埃尔赶紧说："记住，以后每天你都要这样做，如果你觉得这个方法有用的话，请将它在你的员工中间推行开来，让他们也这样做。"

这场会面不到半个小时，但却对罗先生的工作起到了重大的作用，他一直认为这是自己最近几年来上过的最重要的课。

正如故事中的皮埃尔所说，提高效率的唯一方法就是我们要保证自己正在做重要的事。生活中，很多人都感到时间不够用，这意味着我们更应该学会巧妙利用时间，而不是眉毛胡子一把抓，结果什么都抓不住。

我们常常有这样的感触：一天内，我们除了工作外，还需要生活、休息，还需要娱乐，我们要做到的事情实在是太多了。单以工作为例，我们也有做不完的报表，开不完的会，见不完的客人……于是，我们会选择做个时间计划表，时间被安排得满满当当，所有事务也都被安排进去，但实际上，我们在执行的时候，依然发现很难完成。这是为什么呢？因为这份计划表缺乏条理性。

无论是工作还是生活，是要有章法的，不能眉毛胡子一把抓，要分轻重缓急！这样才能一步一步地把事情做得有节奏、有条理，达到良好结果。法国哲学家布莱斯·巴斯卡所说："把什么放在第一位，是人们最难懂得的。"那么，我们该如何有计划地安排自己的活动呢？

以下是两个建议：

1. 每天开始都有一张优先表，把事情按先后顺序写下来

每天一大早挑出最重要的三件事，当天一定要能够做完。而且每天这三件事里最好有一件重要但是不急的，这样才能确保你没有成为急事的奴隶。

把一天的事情安排好，这对于你成就大事是很关键的。这样你可以每时每刻集中精力处理要做的事。但把一周、一个月、一年的时间安排好，也是同样重要的。这样做给你一个整体方向，使你看到自己的宏图。

真正的高效能人士都是明白轻重缓急的道理的，他们在处理一年或一个月、一天的事情之前，总是按主次顺序来安排自己的时间。

2. 再按照事物紧急和重要程度来安排时间

大致来说，事务可以分为四种类型，管理者应该根据每种事物的类型

来安排工作的先后顺序。

首先，紧急且重要。这类事指的是火烧眉毛之事，比如，事关企业效益的事、重要会议、亲人生病需送医院等。对于这类事，一般都不可马虎有可能会花上整天的时间来处理解决。

其次，紧急但不重要。对于接打电话、批阅文件、日常会议等事务，也需要管理者赶快处理，但不宜花去过多的时间。

再次，重要但不紧急。有些事务，诸如人才培养、远景规划等，看起来并不紧急，可以从容地去做，但却是管理者要下苦功夫、花大精力去做的事，是管理者的第一要务。

最后，不紧急也不重要。包括无意义的会议、可不去的应酬等。对于这类事务，管理者可先想一想："这件事如果根本不去理会它，会出现什么情况呢？"如果答案是"什么事都没发生"，那你就应该放慢脚步甚至是停止了。

总之，在工作和生活中每天都有干不完的事，唯一能够做的就是分清轻重缓急。要理解急事不等于重要的事情。只要我们合理安排时间，大可以从容不迫，甚至有一些充裕的时间享受生活。

第 4 章

勇往直前，
更要选择适合你的拼搏方向

我们生活中的每一个人，都希望能实现梦想、获得成功，然而，目标是实现最终成功的必由之路，否则，一切都是空谈，都是泡影，只有在清晰的目标的指引下，我们才能一步步朝着梦想迈进。所以，如果你希望在未来过上幸福的生活，从现在开始，你就要早做打算，就要尽早为自己制定目标和方向，就要从现在开始努力，并且再也不要被那些消极的思维所左右了，不要认为自己年纪大，不要认为自己愚笨，要成为一个积极向上的人，培养自己的热忱，找到自己的目标，我们就能为现在的自己做一个准确的定位。

最关键的是你下一步的方向

韩国首尔大学，有这样一句校训："只要开始，永远不晚。人生最关键的不是你目前所处的位置，而是迈出下一步的方向。"这句话的含义是，任何理想不经过实践和行动的证明，都将是空想。只要你心有方向，立即行动，任何理想都有实现的可能，相反，没有方向的路，走得再多也是徒劳。

生活中的你，如果留心一下周围那些生活得幸福和愉快的年轻人就会发现，他们现如今的快乐是来源于曾经的努力，当然，这并不是说他们有很多钱，也不是因为他们有更好的房子、工作，他们只不过是能够真正地为实现梦想而努力，知道自己接下来该做什么，怀着最真诚的心去追求自己想要的东西。我们先来看下面一则寓言故事：

曾经在非洲的森林里，有四个探险队员来探险，他们拖着一只沉重的箱子，在森林里踉跄地前进着。眼看他们即将完成任务，就在这时，队长突然病倒了，只能永远地待在森林里。在队员们离开他之前，队长把箱子交给了他们，告诉他们说：请他们出森林后，把箱子交给一位朋友，他们会得到比黄金更贵重的东西。

三名队员答应了请求，扛着箱子上路了，前面的路很泥泞，很难走。他们有很多次想放弃，但为了得到比黄金更贵重的东西，便拼命走着。终于有一天，他们走出了无边的绿色，把这只沉重的箱子拿给了队长的朋友，可那位朋友却表示一无所知。结果他们打开箱子一看，里面全是木头，根本没有比黄金更贵重的东西，也许那些木头也一文不值。

难道他们真的什么都没有得到吗？不，他们得到了一个比金子贵重的东西——生命。如果没有队长的话鼓励他们，他们就没有了目标，他们就不会去为之奋斗。从这里，我们可以看到目标在我们追求理想的过程中的指引作用！

同样，追求梦想的过程也不是一帆风顺的，无数成功者为着自己的理想和事业，竭尽全力，奋斗不息。孔子周游列国，四处碰壁，乃悟出《春秋》；左氏失明后方写下《左传》；孙膑断足后，终修《孙膑兵法》；司马迁蒙冤入狱，坚持完成了《史记》；伟人们在失败和困顿中，不屈服，立志奋斗，终于到达成功的彼岸。而当今社会，也有很多人以失败告终，为什么呢？很多人把问题归结于外在，比如，时运不济，天资不够等。持这种观点的人，只看到问题，却看不到解决问题的方法；只看到困难，却看不到自己的力量；只知道哀叹，却不去尝试解决问题。这样的人永远也不可能成功。

为此，为成功奋斗的人们，从现在起，你只需树立一个正确的理念，并调动你所有的潜能并加以运用，便能带你脱离平庸的人群，步入精英的行列之中！你可以记住以下几点：

1. 关注未来，不要满足于现状

独具慧眼的人，往往具备人们所说的野心，不会被眼前的蝇头小利而放弃追求梦想的愿望，他们一般是用极有远见的目光关注未来。

2. 为自己拟定各种阶段的目标与规划

长期目标（5 年、10 年或 15 年）：这个目标会帮你指引前进的方向，因此，这个目标能否决定好，将决定你很长一段时间是否在做有用功。当然，长期目标还要求我们不可拘泥于小节。东西离你越远，就显得越不重要。

中期目标（1~5 年）：也许你希望自己能拥有房子、车子、升职等，这些就属于中期目标 .

短期目标（1~12 个月）：这些目标就好比是一场淘汰制比赛中的胜出，能鼓舞你不断努力、不断前进。这些目标提示你，成功和回报就在前方，鼓足干劲，努力争取。

即期目标（1~30 天）：一般来说，这是最好的目标。它们是你每天、每周都要确定的目标。每天当你睁开眼睛醒来时，你就需要告诉自己：今天相对于自己，我要达到什么样的突破，而当你有所进步时，它能不断地给你带来幸福感和成就感。

3. 不要把梦停留在“想”上

梦想可以燃起一个人的所有激情和全部潜能，载你抵达辉煌的彼岸。但有了梦想，不要把“梦”停留在“想”，一定要付诸行动，这才可以带给你真正需要的方向感。

勇往直前，竭尽全力才会有收获

在大多数人看来，成功青睐那些聪明的人。事实上，人和人就资质而言，总是差不多的，真正决定一个人是否能有所成就的，是他后天的努力。人生的时间、精力有限，让有限的时间、精力造就人生最大的成功，就必须要专心致志，要挑选对成功价值最大的事情去做。选择自己的目标，踏踏实实地去做，不要让别人的成功晃花眼睛，而争一时之短，计一时之荣辱，更不要为眼前的蝇头小利所迷惑。这里重要的是确定自己的目标，其次是坚持不懈。

同样，生活中的人们，如果你想获得成功，也就应该有全力以赴的精神，就应该盯住一个目标不放弃，坚持下去。

拿破仑在执政时期的亲密同伴勒德累尔这样回忆他："他的一个显著特征是持久的注意力。他能一口气工作 18 个小时，也许是做一件工作，也许是几件工作轮流做。我从未见过他不顾手头正在做的事情，将注意力转移到即将做的另一件事上。没有任何一个人能像他那样全身心地投入工作之中，也没有任何一个人能更好地分配时间去做他要做的一切。"

的确，集中精力才能跑得更快，只有专注于自己的目标，精益求精，才能在平凡的岗位上干出别人干不出的成绩来。海尔集团总裁张瑞敏说，如果让一个日本员工每天擦 6 遍桌子，他一定会一丝不苟地每天擦 6 遍；而我们中国员工第一天会擦 6 遍，第二天也会擦 6 遍，可是第三天就会擦 5 遍，第四天可能只 4 遍，这就是为什么我们的企业引进了许多一流的设备，而产品质量却达不到原装水平的原因。无论做什么事，都要做到永远专注于自己的工作，坚持做到精益求精，只有做到这种程度的人，才能超越自己已有的成绩，才能赢得更多的掌声。

要做到更好，并不一定需要更高明的设计、更尖端的科学。它所需要的，是为了目标心无旁骛，投入所有的时间、发挥所有的才干。世界上有许多很有天赋的人最终没有获得什么成就，相反那些资质平平的人却成就了大事，这是为什么呢？答案很简单，一个资质平平但是却专心致志的人能打败无数个富有天赋但是不肯花心思做好一件事的人。今天这样，明天又那样，这样的人虽然目标很多，但是最终没有一个达成的。其实，专注是一种难能可贵的品质，一种积极的人生态度。事业因专注而成功，人生因专注而美丽。

著名数学家高斯从小就勤奋好学，很早就显示出超人的数学才能。有一次，父亲正在计算账目，小高斯安静地站在旁边看，当他父亲自以为算得很对的时候，小高斯却认真地说："爸爸，您算错了，应该是……"父亲检验了一遍，发现高斯的答案是正确的。

高斯 7 岁那年，父亲送他到附近的学校读书，在学校里，高斯是班里最小的学生，但因其数学成绩最好，因而经常受到老师的表扬。高斯十分刻苦，他明白，要想更好地学好数学，自己必须付出更多的努力和汗水。白天在学校里，除了上课时专心听讲以外，他还尽可能地利用课余时间钻研数学，阅读了许多数学的著作。晚上，他将一个大萝卜挖去了心，塞进一块油脂，插上一根灯芯，就做了一盏小油灯。他一个人躲在顶楼上，在微弱的灯光下，专心致志地看书学习，直到深夜才睡。在上学期间，高斯还写了许多"数学日记"，记录了他在解题时的新发现和巧妙的解法，后来，高斯 18 岁那年，他成功地解决了当时自希腊数学家欧几里德以来两千多年一直悬而未决的数学难题，轰动了整个数学界。

有人曾问高斯："你为什么在科学上能有那么多的发现？"高斯回答说："假如别人和我一样专心和持久地思考数学真理，他也会作出同样的发现。"

高斯成功的秘诀就是"专心致志，持之以恒"，他研究数学，总是坚持到底，他最反对的就是做事半途而废。当他在对一些重要的定理进行证明的时候，总是经过多种解决、证明的方法，并从中发现最简单和最有力的证明。正是因为高斯如此持之以恒地钻研数学，才为科学事业的发展作出了卓越的贡献。

成大事者一旦设定人生目标，就点滴积累成功资源，一步一步向目标迈进。滴水足以穿石。一生干好一件事，这个标准乍看似乎不高，但细想想，要真正干好一件有意义有价值的事，也不是那么简单的。达尔文忙活了一辈子，也就是创立了“进化论”；麦哲伦终生的杰作，则无非是证实了“地球是圆的”。一次只做一件事，全身心地投入并积极地希望它成功，不要让你的思维转到别的事情、别的需要或别的想法上去。为了你已经决定去做的那件事，放弃其他所有的事。

生活中的人们，一切从现在开始还来得及，每天努力一点，即使只是一个小动作，持之以恒，都将是明日成功的基础。成功不在于做许多事情，而在于专注。把你的全部精力集中到工作中去，这就是顺利完成一件事的最大秘诀。无论做任何事，都不要祈求太多。只要付出全部的精力，以一往无前、专心致志的精神，去努力追求真正的价值，你就会有所收获。

放下空想，一切用行动说话

在现实生活中，我们不难发现一个现象，很多成功人士并不是高学历者，那些高学历者也并不一定能成功，这是为什么呢？其实，这与他们对待梦想的态度和行为不无关系。低学历者更注重实践，为了目标，他们制定好计划，然后一步一个脚印地努力，而一些高学历者则太过注重理论知识，这种现象在开放的社会已经较为普遍，我们并不是说这是一种必然，但从一个侧面可以看到，光想不做是不会有好的结果的。

曾经有哲人说过：“梦想指引我们飞升。”我们都知道梦想的伟大力量，但把梦想变为现实只有一个方法，那就是行动。

那么，活在当下的人们，如果你希望自己成为一名成功者，那么，从现在开始，你就得放下空想，给自己规划一个详细的人生目标，并按照自己现有的自身条件去为之奋斗。只要你这么想了，也这么做了，那么你的人生最终就是成功的。否则，你永远只能“做梦”，而无法实现“梦想”。

在1921年，当电报机发明成功25年之时，《纽约时报》有一篇文章谈到了电报对信息传播的重大作用。有十几个人，就从这报道中得到了启发。他们想，如果创办一份文摘刊物，让读者从大量的信息中获得自己需要的信息，肯定会受到欢迎。但当他们申请邮局发行时，得到的答复是因为还从没有过这类刊物，目前条件还不成熟，还要等一等。绝大多数申办者就只好等等再说。

这十几位申办者中有一位叫华莱士的青年却毫不犹豫，他想：你邮局不发行，我可以自办发行呀，他没有等待，而是将订单装入2000个信封中，从邮局发往各地。

就这样，这位青年创办了世界上很少有的文摘刊物，它一下子拥有了不少的读者，而且市场越来越广阔，这就是有名的《读者文摘》。到了2002年，这本刊物已成为了世界性的刊物。它用19种文字出版，发行到127个国家，年收入达5亿多美元。

所以，不要怕实践你的梦想，不要因为恐惧而裹足不前，不要当生命走到尽头时，才恍然大悟到原来你可能有机会实现梦想，只是，你放弃了。有了梦想就不要空想，不妨勇敢地去实践！ 不要在意别人的嘲笑。如果没有勇气去大胆地尝试，你永远都不会知道自己的潜力有多大！

看古今中外历史上的每一个伟人，无不是既拥有超前的思想和超凡的行动力，并通过发挥自己的优势而赢得荣誉的。一句话，行动促就梦想。说一尺不如行一寸，也只有行动才能缩短自己与目标之间的距离，只有行动才能把理想变为现实。成功的人都把少说话、多做事奉为行动的准则，通过脚踏实地的行动，达成内心的愿望。

要知道，任何人不会随随便便成功，要成功，就要突破，就不能安于现状。做到突破，就要从现在开始，一步一个脚印，逐步提高自己，抓紧时间，奋斗进取，你就能拼搏出属于自己的一片天地。同时，当你跨过人生的沟坎之后，你会发现，原来，一切困难不过是前进路上的小石子，轻轻一踢，它们就滚开了。

的确，“空谈误国，实干兴邦”。大到国家，小到个人，万事万物都得由小到大。或许你现在做着看似不着边、没有前景的工作。但我们要坚信，事物发展的道路是迂回曲折的，巴纳德说过：“机会只偏爱那些有准备的人”。成功的秘诀在于开始着手。现在就采取行动，决不拖延，行动高于一切！把握现在的瞬间，从现在开始做。心动不如行动。

“一切用行动说话”，这是我们每个人应该记住的，仅仅有理想是不够的，理想必须付诸行动，如果没有行动，那理想永远只是空想，只是空中楼阁、海市蜃楼，遥不可及。

因此，不管你的梦想多么高远，先做触手可及的小事。梦想是一个大目标，你需要做的是完成每天的小目标，这样，你距离大目标就近了一步，每前进一步，你就会增加一份快乐、热忱与自信，你就会消除一份恐惧，你就会更踏实，就会从积极的思考发展成为积极的领悟，那么，就没有一件事情可以阻挡得了你。

在不断摸索和尝试中找到自己的最佳位置

生活中，我们周围的每一个人都是一个单独的个体，人与人虽然没有优劣之分，但却有很大的不同。这世界上的路有千万条，但最难找的就是适合自己走的那条路。每一个人都应根据自己的特长环境与条件来设计自己的路，不能坐等机会，要自己创造机会，这是个不断尝试和摸索的过程。

同样，生活中的每一个人，应该尽力找到自己的最佳位置，找准属于自己的人生跑道。当你的事业受挫，不必灰心丧气，相信坚强的信念定能点亮成功的灯盏。

很多人士的成功，首先得益于他们充分了解自己的长处，根据自己的特长来进行定位或重新定位。

奥托·瓦拉赫是诺贝尔化学奖获得者，他的成才历程极富传奇色彩。

瓦拉赫在开始读中学时，父母为他选择的是一条文学之路，不料一个学期下来，老师为他写下了这样的评语："瓦拉赫很用功，但过分拘泥，这样的人即使有着完美的品德，也决不可能在文学上发挥出来。"

此时，父母只好尊重儿子的意见，让他改学油画。可瓦拉赫既不善于构图，又不会润色，对艺术的理解力也不强，成绩在班上是倒数第一，学校的评语更是令人难以接受："你是绘画艺术方面的不可造就之才。"

面对如此"笨拙"的学生，绝大部分老师认为他已成才无望，只有化学老师认为他做事一丝不苟，具备做好化学实验应有的品格，建议他试学化学。

父母接受了化学老师的建议。这不，瓦拉赫智慧的火花一下被点着了。文学艺术的"不可造就之才"一下子变成了公认的化学方面的"前程远大的高材生"。在同龄学生中，他的化学成绩遥遥领先……

可见，成功是多元的，并没有优劣之分，适合自己的、自己擅长的就是最好的，也便是成功的。瓦拉赫的成功，说明这样一个道理：人的智能发展都是不均衡的，有智能的强点，当然也有弱点，人一旦找到自己的智能的最佳点，使智能潜力得到充分的发挥，便可取得惊人的成绩。这一现象常被人们常称为“瓦拉赫效应”。幸运之神就是那样垂青忠于自己个性长处的人。松下幸之助曾说，人生成功的诀窍在于经营自己的个性长处，经营长处能使自己的人生增值，否则，必将使自己的人生贬值。他还说，一个卖牛奶卖得非常火爆的人就是成功，你没有资格看不起他，除非你能证明你卖得比他更好。

据说，有一次，爱因斯坦上物理实验课时，不慎弄伤了右手。教授看到后叹口气说：“唉，你为什么非要学物理呢？为什么不去学医学、法律或语言呢？”爱因斯坦回答说：“我觉得自己对物理学有一种特别的爱好和才能。”

这句话在当时听似乎有点自负，但却真实地说明了爱因斯坦对自己有充分的认识和把握。而现实生活中，一些人在人生发展的道路上，却把命运交付在别人手上，或者人云亦云，盲目跟风，他们忽视了自己的内在潜力，看不到自身的强大力量，甚至不知道自己到底需要什么，不知道未来的路在哪里，于是，他们浑浑噩噩地度过每一天，一直在从事自己不擅长的工作和事业，以至于一直无所成就。

成功学专家 A. 罗宾曾经在《唤醒心中的巨人》一书中非常诚恳地说过：“每个人都是天才，他们身上都有着与众不同的才能，这一才能就如同一位熟睡的巨人，等待我们去为他敲响沉睡的钟声……上天也是公平的，不会亏待任何一个人，他给我们每个人以无穷的机会去充分发挥所长……这一份才能，只要我们能了解到，并加以利用，就能改变自己的人生，只要下决心改变，那么，长久以来的美梦便可以实现。”

尺有所短，寸有所长。一个人也是这样，你这方面弱一些，在其他方面可能就强一些，这本是情理之中的事情，找到自己的优势和承认自己的不足一样，都是一种智慧。比如说你也许不如同事长得漂亮，但你却有一双灵巧的手，能做出各种可爱的小工艺品；比如，说你现在的工资可能没有大学同学的工资高，不过你的发展前途比他的大等。

所以，生活中的人们，你要知道，一个人在这个世界上，最重要的不是认清他人，而是先看清自己，了解自己的优点与缺点、长处与不足等。搞清楚这一点，就是充分认识到了自己的优势与劣势，容易在实践中发挥比较优势，否则，无法发现自己的不足，就会使你沿着一条错误的道路越走越远，而你的长处，却被你搁浅，你的能力与优势也就受到限制，甚至使自己的劣势更加劣势，使自己立于不利的地位。所以，从某种意义上说，是否认清自己的优势，是一个人能否取得成功的关键。

当然，要想发展自身的优势，首先要做到对自我价值的肯定，这有助于我们在工作中保持一种正面的积极态度，并将这种态度转换成积极的行动。

第5章

敢争第一，有点野心，眼界决定未来的前程

我们都知道，大凡那些成就杰出者，都有着常人所没有的“野心”，这是我们不断努力、不断进取的动力。可能在一些人的眼里，“野心”是贬义词，甚至有很多人认为有野心的人是可耻的，而事实上，一个人有野心的人，他能将抽象的梦想转化为具体的目标。比如，如想当政治家、将军是理想，想当总统、军长则是野心。任何伟大而卓越的人，之所以能够永无止境地创造和超越卓越，就在于他有野心。有野心的人才能眼光长远，勤奋进取，为自己赢得机遇，一举获得成功。

永争第一，为理想插上翅膀

当今社会，人与人之间的竞争越发激烈。每个人都必须要具备竞争意识。而如果你们想提升竞争力，在竞争中脱颖而出并走向成功的话，还必须具备一个前提条件，那就是志向和“野心”，这是我们不断努力、不断进取的动力。事实上，成功者永远有超出众人之外的、敢于力争第一的“野心”，“野心”就如同成功道路上的一盏明灯，指引人们永远向着光明的前方奋进。

的确，力争第一，是一种积极向上的心态，它为所有人创造了一种前进的动力。在很多时候，成功的主要障碍，不是能力的大小，而是一个人的心态。现实生活中，为什么一些人受人尊敬，一些人却被人踩在脚下？重要原因就是后者甘愿掉队，甘愿做“末等公民”，而不能根据自己的强项，去争做“一等公民”，这就注定了他们无法成就大事。

确实，对于任何一个渴望成功的人来说，“力争第一”的态度能激发一往无前的勇气和争创一流的精神，从而获得成功。力争第一，是一种追求、一种信念、一种无畏、一种越过冷漠荒原后，看到生命绿洲的快乐。因为挑战，任何一条路都有可能；因为挑战，你的潜能会被无限地激发，你会惊喜地发现自己是如此优秀。

比尔·盖茨的格言是：“我应为王。”即使是屈居第二，对他来说，也是不可忍受的。他曾经对他童年要好的朋友说：“与其做一片绿洲中的小草，还不如做一棵秃丘中的橡树，因为小草任人践踏，而橡树昂首天穹。”

盖茨在小的时候，就有一种执着的性格和想成为人杰的强烈欲望。他的同学曾回忆说：“任何事情，不管是演奏乐器还是写文章，除非不做，否则他都会倾其全力花上所有的时间来完成。”

他的进取精神在整个年级是赫赫有名的。几乎没有一个同学能比得过他。盖茨读四年级时，老师给他布置了一道作业，要学生写一篇四五页长的关于人体特殊作用的文章，结果，盖茨一口气写了30多页。又有一次，老师叫全班同学写一篇不超过20页的短故事，而盖茨却写了100多页。

他的同学回忆说：“比尔不管做什么事情都要弄它个登峰造极，不到极致决不甘心。”

说到学习，早在盖茨中学时代，他的数学就是全校学得最好的。即使在哈佛这样天才荟萃的学府，比尔·盖茨的数学才能仍然很突出。按比尔·盖茨的天分，向数学方面发展，无疑可以成为一名优秀的数学家。但他发现还有几个同学在数学方面比他更胜一筹，于是，他放弃专攻数学的打算。因为他有一个信条：在一切事情上，不屈居第二。

盖茨之所以能成为软件霸主，聪明并不是第一位的，他不愿屈居第二的志气才是真正成功的动力。

生活中的人们，也应以盖茨为榜样，做到力争第一，当然，这四个字绝不能仅仅是一句口号，更要付诸行动。要知道，不想做得更好，就会做得更差。如果你是一个渴望得到重用的人，如果你希望让你的老板觉得你是不可取代的，一定要从内心决定做第一。这样在你的意识中你会有信心做到完美，你的个性也才会真正成熟起来。那些自甘沉沦，不追求卓越，懒得提高自己能力的人是不会有所进步的。而如果你的工作水平没有提高和进步，你就绝不会得到任何升职和奖励的机会。

任何一个成功者都有超出众人之外的、敢于力争第一的心态。在成功之前，他们懂得必须以高于普通人的标准来要求自己，否则自己永远都是一个弱者。在他们身上所体现出来的这种“力争第一”的精神，是一个人不断进取的标志，它不允许人懈怠，它召唤每个人向更高层次的方向去努力、去进取。它告诉人们，如果你认为自己只具有鞋匠的天赋，你也应该争取做世界上首屈一指的制鞋大王。

不是第一就要努力成为第一，而即使你是第一，也永远可以做得更好。山外有山，天外有天。在21世纪，竞争没有疆界，你应该开放思维，站在一个更高的起点，给自己设定一个更具挑战的标准，才会有准确的努力方向和广阔的前景。“力争第一”如同成功道路上的一盏明灯，让人们永远向着光明的前方奋进。

大胆去做，没有什么不可能

有这样一则真实的故事：

埃及人想知道金字塔的高度，但由于金字塔又高又陡，测量因难，为此他们向古希腊著名哲学家泰勒斯求教，泰勒斯愉快地答应了。只见他让助手垂直立下一根标杆，不断地测量标杆影子的长度。开始时，影子很长很长，随着太阳渐渐升高，影子的长度越缩越短，终于与标杆的长度相等了。泰勒斯急忙让助手测出金字塔影子的长度，然后告诉在场的人：这就是金字塔的高度。

那么，生活着的人们，你们人生的高度该怎样来测算呢？实际上，无论现在你处于什么样的境况，只要你不甘于现状，并积极为未来思考，寻找出路，就没有什么达不到的目标，你要相信自己，你有资格获得成功与幸福！

那么，很多人也处于贫贱之中，为什么没能做出什么成就？如果一个人屈服于贫贱，那么贫贱将折磨他一辈子；如果一个人性格刚毅，敢于尝试，不怕冒险，他就能战胜贫贱，改变自己的命运。

伊尔·布拉格是美国历史上第一位荣获普利策新闻奖的黑人记者，伊尔·布拉格有着贫穷的童年。

他的父母都是靠卖苦力为生，所以在他年幼的时候，他认为出生在这样的家庭，能实现温饱就不错了，更别指望会有什么出息。

在布拉格 9 岁那年，他的父亲带他去参观凡·高的故居。布拉格看到了那张著名的吱嘎作响的小木床和那双龟裂的皮鞋，他很好奇，然后问父亲："凡·高不是世界上最著名的大画家吗？他难道不是百万富翁？"父亲回答他说："凡·高的确是世界著名的画家，但他并不是什么富翁，而是跟我们一样，都是穷人，他甚至穷得连妻子娶不上。"

第二年，父亲又带布拉格来到丹麦，参观了安徒生的故居，布拉格又困惑地问父亲："安徒生不是生活在皇宫里吗？可是，这里的房子却这样破旧。"父亲答道："安徒生是个砖匠的儿子，他生前就住在这栋残破的阁楼里。皇宫只是他童话故事中的地方。"

从此，布拉格的人生观完全改变。他不再自卑，也不再认为有钱就是有出息，他立志要出人头地，他说："我庆幸有位好父亲，他让我认识了凡·高和安徒生，而这两位伟大的艺术家又告诉我，人能否成功与贫富毫无关系。"

从现在开始，生活中的人们，请不要为错失良机而叹息，不要因为一时的失败而惶恐，更不要失去了追求更高目标的信念和勇气，你应该有“天生我才必有用”的信心和豪情，充满自信地面对生活！

所以，如果你渴望成功，渴望获得荣誉，就不妨从现在起，开始为你的目标积极思考吧，不要认为你办不到，不要存有消极的思想，你潜在的能力足以帮助你实现它。

当然，除了要有积极的思维方式外，成功的另一大重要因素是注重基础的积累。

有人问洛克菲勒：“成功的秘诀是什么？”他说：“重视每一件小事。我是从一滴焊接剂做起的，对我来说，点滴就是大海。”的确，不关注小事或者不做小事的人，很难相信他会做出什么大事。做大事的成就感和自信心是由做小事的成就感积累起来的。一切的成功者都是从小事做起，无数的细节就能改变生活。成功者之所以成功，在于他们不因为自己所做的是小事而有所倦怠。

因此，生活中的人们，你始终要记住的是，无论你的目标有多大，你都需要从小事做起，从手头工作开始。平庸和杰出的差距就在一些细节中，这是一个细节制胜的时代，对于自己的工作无论大小，都要了解得非常透彻，数据应该非常准确，事实也应该非常真实，这样才能脚踏实地完成宏伟的目标。

的确，很多小事，你能做，别人也能做，只是做出来的效果不一样。往往是一些细节上的功夫，决定着事情完成的质量。

毫无疑问，每个人都渴望成功。但成功要靠一步步的积累，一个人能否成就卓越，取决于他是否做什么事都力求做到最好，其中自然也包括那些再平凡不过的小事。事实上，会利用机会的人，往往不是那些把机会奉为神明的人，他们从没把希望寄托在机遇上，他们知道，大事业是从小处开始的，他们明白，一砖一木垒起来的楼房才有基础，一步一个脚印才能走出一条成功的道路。

眼光长远，不要怕眼前的苦与累

生活中的任何人，都有自己的梦想，都希望成功，成功是人们追求的永恒目标，但无论你选择什么目标，你都要有勇气，要勇往直前。在这条路上，你不但要拥有坚韧和耐心，还要做到放眼未来，坚定必胜的信念，这样即便再苦、再累，也会勇敢地与困难拼搏，那么，就一定能有所成就。人们常说，成大事者，必有坚忍不拔之志，胜利只属于坚持到最后的人。成功的人之所以能够成功，就是因为他们有坚忍不拔的毅力，能看到困境中的希望，并把失败化作无形的动力，从而最终反败为胜。

我们不能否认一个事实，很多人都经历着种种苦难，遭受着种种挫折和打击，这的确是人生的不幸。可是，人们也惊奇地发现，无数杰出的成功者都是从苦难中走出来的，正是苦难成就了他们，苦难对于他们来说，是上天的一种恩赐。

罗纳德·里根生在一个极其普通的家庭，全家四口人只靠父亲一人当售货员的工资维持生活。生活的艰辛磨炼了里根的意志，也使他产生了出人头地的强烈愿望。

里根大学毕业后，想试着在电台找份工作，然后，每次都碰了一鼻子灰。最后，里根驾车行驶了 70 英里来到了特莱城，试了试爱荷华州达文波特的电台播音员的工作。电台主任让里根站在一架麦克风前，凭想象播一场比赛。

由于里根的出色表现，他被录用了。

在回家的路上，里根想到了母亲的话：“如果你坚持下去，总有一天你会交上好运。”

也许在一些人看来，吃苦受累是失败的表现，诚然，经历苦难是一种痛苦，因为苦难常常会使人走投无路，寸步难行，苦难常常会使人失去生活的乐趣甚至生存的希望。但目标远大的人，都能看到苦难背后的力量，他们甚至认为吃苦是人生一种重要的体验和千金难买的财富。

拿破仑幼时的生活是十分清苦的。他的父亲是出身科西嘉的贵族，后来家道中落而一贫如洗。但他仍多方筹措费用，把拿破仑送到柏林市的一所贵族学校去求学。拿破仑破衣蔽履，常受那些贵族子弟的欺负和嘲笑。

就这样，拿破仑忍受着那些同学的作威作福，继续求学了5年之久，直到毕业为止。在这5年里，他受尽了同学们的各种欺负凌辱，但每受到一次欺负和凌辱，就越使他的志气增长一分，他决心要把最后的胜利拿给他们看。

他心里暗自计划，决定好好痛下苦功、充实自己，使自己将来能够获得远在那些纨绔子弟之上的权势、财富和荣誉。因此，当同伴们自娱时，他则独自刻苦学习，把全部精力都放在书本上，希望用知识和他们一争高下。

拿破仑读书有着明确的目的，他专心寻求那些能使他有所成就的书来读。他在孤寂、闷热、严寒中，从不间断地苦学了好几年，单从各种书籍中摘录下来的文摘，就可印成一本四千多页的巨书了。此外他更把自己当成正在前线指挥作战的总司令，把科西嘉当作双方血战的必争之地，画了一张当地最详细的地图，用极精确的数学方法，计算出各处的距离远近，并标明某地应该怎样防守，某地应该怎样进攻。这种练习，使他的军事才能大大进步。

拿破仑的上级认识了他的才学之后，就将他升任为军事教官。从此，他便逐渐飞黄腾达起来，直到获得全国最高的权势。

拿破仑的成功向人们证明了一点：艰难困苦中能否崛起，考验的是你的毅力，压力也会让人产生巨大的潜在力量，所以你要学会挑战自己，让自己面对困难和挑战，这是你前进的动力。

不怕吃苦的人才会有所成就。在你的人生路上，也许会沼泽遍布，荆棘丛生。也许会山重水复，也许会步履蹒跚，也许需要在黑暗中摸索很长时间，才能找寻到光明……但这些都算不了什么，只要我们能把握自己该干什么，那么就应该勇敢地去敲那一扇扇机会之门。

很多人之所以不能迈出人生的关键一步，就是因为每当他感到压力的时候，就会一蹶不振，很难把失败的惩罚当作不断前进的新动力。任何想要成功的人，他首先要学会的就是要放眼未来，做到坚忍不拔，要能够超越失败，成功才会与你越来越近。

敢于冒险也是一种长远投资

生活中，相信每个人都有自己的梦想，这些梦想或大或小，都起到支撑一个人行动的作用。然而，真正能实现梦想的人是少数，大部分人还是庸庸碌碌一生。究其原因，是很大一部分人缺乏冒险精神。他们在行动前，就为自己想好了失败之后的退路，这样永远都不会有什么成功，只会与目标渐行渐远。所有的成功者都必定有着果断的执行力。可能一直以来，你认为自己是个勇敢的人，但一旦要到真正可以表现自己勇气的时候，却左右迟疑、不敢付诸实践。其实，这不是真的勇敢。因为勇敢不是停留在言语上，而是要放手去做的。

梦想有时只是个痛快的决定，只要想做，并坚信自己能成功，那么你就能做成。这正是行动的作用。世界著名博士贝尔曾经说过这么一段至理名言："想着成功，看看成功，心中便有一股力量催促你迈向期望的目标，当水到渠成的时候，你就可以支配环境了"。

然而，在现实生活中，一些人常常左顾右盼而没有具体行动，所以最终一事无成。我们先来来看下面一个寓言故事：

一天，有人问一个农夫他是不是种了麦子。农夫回答："没有，我担心天不下雨。"那个人又问："那你种棉花了吗？"农夫说："没有，我担心虫子吃了棉花。"于是那个人又问："那你种了什么？"农夫说："什么也没有种。我要确保安全。"

其实，生活中的人们又何尝不是和农夫一样呢？事实证明，如果能够跨越传统思维障碍，掌握变通的艺术，就能应对各种变化，在变化中寻找到新机会，在变化中获取新利益。在你的生命中，有时候需要做出困难的决定，开始一个更新的过程。只要你愿意放下旧的包袱，愿意学习新的技能，我们就能发挥自己的潜能，创造新的未来。你需要的是自我改革的勇气与再生的决心。

世界著名企业家狄奥力·菲勒并非出生贵族和官宦之家，相反，他生于一个贫民窟，但在幼时他就表现出了与众不同的财富眼光。

很小的时候，他做了第一笔生意。那时，他想买玩具，可是又没钱，于是，他把从街上捡来的玩具汽车修好，让同学玩。然后向每人收 0.5 美元。很快，不到一个星期的工夫，他挣到的钱就能买一辆新的车了。从这件事中，他收获颇多。

成年后的菲勒更是有着惊人的生意头脑。一次，日本的一艘货轮遇到了风暴，船上的一吨丝绸被染料浸过，上等的丝绸变成没人要的废品，面对这种情况，货主打算把这些布匹都扔了。菲勒听到这个消息后，马上找到货主，表示愿意免费把这批废品处理掉，货主非常感激。得到这匹布，他就把它做成了迷彩服装。这笔生意让他赚到十余万美元。

再后来，菲勒曾用10万美元买了一块地皮。一年后，新修建的环城路在那块地附近经过。一位开发商用2500万美元从他手中买走了那块地。

菲勒的思维是与众不同的，他有一双发现财富的慧眼，能够“在别人司空见惯的东西上发掘商机”，这是菲勒最可贵的创业资本，也是他成功的秘诀。不过这里，我们更佩服的是他的勇气，那就是敢想并敢做。一个人，即使有再多的想法并信誓旦旦，如果不付诸实施，那也是徒劳。

现代社会，没有超人的胆识，就没有超凡的成就。勇于尝试就有做一个成功者的机会。胆量是使人从优秀到卓越的最关键的一步。生活中的你，也要有勇气和胆量，你也应该跨越传统思维的障碍，时时刻刻寻求新的变化，并敢于释放自己、改变自己。当然，要做到敢为人先，你还必须从现下的生活和学习中加以练习，为此。你需要做到：

1. 丰富自己的知识结构以开阔视野

在我们的日常生活和工作中，常常用视野比喻人的眼界开阔程度，眼光敏锐程度，观察与思考的深刻程度等。可以说，视野是不是开阔，是衡量人的综合素质的重要标尺。而视野开阔与否，取决于对知识掌握多少，取决于思想理论水平的高低。常言道，学然后知不足。勤于学习的人，越学越能发现自己的不足，于是想方设法充实自己、提高自己，学到更多的东西，视野会随之越来越开阔。

2. 打破现有的安逸假象

一个人不愿改变自己，往往是舍不得放弃目前的安逸状况。而当你发觉不改变是不行的时候，你已经失去了很多宝贵的机会。

3. 在心理上超越“不可能”的思想观念

想要解决问题，必须在思想中超越问题。这样，问题就不会显得如此令人畏惧。而且他会产生更大的信心，深信自己有能力去解决它。

在你进行尝试时，你难免会产生一种“不可能”的念头，比如，认为自己不能解决某道被人认为很有难度的数学题，但对此，你必须要从心理上超越他，只有这样，你才能站在高高的位置上，低头俯视你的问题。

第6章

抓住机会，竭尽全力才能让机遇光临

世界首富比尔·盖茨曾说过：“卖汉堡包并不会有损于你的尊严。你的祖父母对卖汉堡包有着不同的理解，他们称之为‘机遇’”。也有人曾经总结：“成功的人生，一言以蔽之：蓄势待发。”这句话应该成为每个正在倾尽全力为目标奋斗的人的人生格言。因为成功的秘密在于，当机遇来临的时候，你已经做好了把握住它的准备。当然，对于现在的你，应该加倍努力，时刻准备着，这样，你才更易受到机遇的垂青。

机会喜欢积极主动的人

生活中，我们常说："机遇是留给那些有准备的人"，但同时，机遇也并不是主动送上门来的，而是需要我们主动创造的，那些庸庸碌碌者，多半都是被动消极者，而那些主动执行、善于创造机会的人，则能从最平淡无奇的生活中找到一丝微弱的机会，他们用自身的行动改变了他们的处境甚至改变自己的命运。

美国但维尔地方百货业巨子约翰·甘布士认为机遇无处不在，有时也许只存在万分之一的可能，但是毕竟它存在着。只要有锲而不舍的毅力去争取，就一定能有所收获。

有一次，甘布士要乘火车到纽约去商谈一笔生意，由于事起匆忙，没有预先订票。因此甘布士夫人就打电话到车站询问是否还可以买到当日的车票。

当时正值圣诞前夕，去纽约度假的人很多，车票早早地就被抢购一空。车站工作人员答复已经没有车票了，但如果有急事一定要走的话，可以到车站来碰碰运气，看看是否有人临时退票，不过这个可能性很小。

甘布士夫人沮丧地放下电话，向甘布士转述了车站的答复，她认为今天肯定不能走了，只有等下一次的火车。

谁知甘布士依然不慌不忙地收拾好行李，然后提着皮箱向门口走去。甘布士夫人连忙拦住他问："约翰，现在不是买不到票吗？你还去车站干什么？"

甘布士回答道："不是还有退票的可能吗？"

"可是这种可能性很小，只有万分之一啊。"

"我就是想去抓住这万分之一的机会，祝我好运吧。"说完，甘布士戴上帽子，顶着风雪朝车站走去。

甘布士到了车站，站在月台上，等了很久，仍是没有一个退票的人，但是他并没有着急，依然耐心地等着，同时还利用这个时间仔细考虑即将谈判的那笔生意的各个细节。

大约离开车还有5分钟的时候，一位女士忽匆匆地跑来，因为她家里有突发事件，所以她不得不将票退掉，而改坐第二天的车。

于是，甘布士掏钱买下了那张车票，及时地赶到了纽约。在纽约的酒店中，他打电话给他的妻子："亲爱的，现在我已经躺在纽约酒店舒适的床上。我抓住了你所认为的只有万分之一的机会。"

托·富勒曾说，"一个明智的人总是抓住机遇，把它变成美好的未来。"可能你也发现，很多企业界的成功人士，他们身上都有一个共同的规律：他们的成功都来自于一个特殊的机缘，但这机缘的出现，似乎又是注定的，因为他们总是用行动说话！

的确，那些被人们认为是幸运儿的人并非天生运气好，他们只是比一般人更有成功的愿望，更积极主动而已。在人生的旅途中，任何机会都可能给你带来意想不到的成功，因此，不要放弃任何一个哪怕只有万分之一可能的机会。

有个中国留学生，在快毕业的时候，他带着自己的简历四处找工作。这天，他在唐人街买了一份报纸，报纸上刊登了一条招聘信息：澳大利亚电讯公司正在招人，年薪五万，这位留学生心动了，并且，他的条件完全符合，因此很快，他就在众多应聘者中脱颖而出了。

留学生原以为会马上签约，但谁想到，招聘主管居然问了一句："你有车吗？你会开车吗？我们这份工作时常外出，没有车寸步难行。"这句话把留学生问傻了，因为他既不会开车，也没有车，但他也明白，这名主管提出的问题是很合理的，因为在澳大利亚，公民普遍拥有私家车，无车者寥寥。为了争取这个极具诱惑力的工作，他不假思索地回答：

"有！会！"

"4 天后，开着你的车来上班。"主管说。

4 天？时间也太仓促了，但这名留学生很快想到了办法，他在华人朋友那里借了 500 澳元，从旧车市场买了一辆外表丑陋的"甲壳虫"。

第一天他跟华人朋友学简单的驾驶技术；第二天在朋友屋后的那块大草坪上模拟练习；第三天歪歪斜斜地开着车上了公路；第四天他居然驾车去公司报了到。时至今日，他已是"澳大利亚电讯"的业务主管了。

看完这则故事，我们不妨试想一下，如果你也遇到这种情况，你会怎么做呢？可能你会放弃，因为不会开车。可这位留学生则不同，他的这种思维方式很值得我们所有人学习。

总之，在通往成功的道路上，处处都可能有被错过的良机，只有善于把握机会，哪怕是万分之一的机会，你的财富梦都有可能尽快实现。

别犹豫，机会来临时果断出击

我们都知道，不懈的努力是实现目标与获得成功的唯一途径，然而，我们也不能否认机遇的重要性，抓住机遇，你就能独占鳌头、获得成功，然而，任何机会都不会自动降临，它总是属于有头脑、有行动、有准备的人。机遇，是瞬间的命运。

的确，机遇来临时我们常常需要做抉择——实行或者不实行，我们总是试图通过我们最精确的思维，获得我们最想要的结果。但实际上，很多时候，正是因为我们过多的思考，而导致了我们瞻前顾后，不敢行动，成功的机会也就在“做”与“不做”之间流失了。留下的也只有遗憾。

《聊斋志异》中有这样一则故事：

两个调皮的牧童进了深山，看到一个狼窝，发现了两只小狼崽。他们准备带走这两只小狼崽，老狼看到后，心急如焚，就准备抢回小狼崽。

聪明的牧童，瞬间就抱着小狼崽分别爬上大树，两树相距数十步。老狼在树下准备救狼崽，但却发现两只狼崽被放在不同的树上。

并且，一个牧童在树上掐小狼的耳朵，弄得小狼嗷叫连天，老狼闻声奔来，气急败坏地在树下乱抓乱咬。此时，另一棵树上的牧童拧小狼的腿，这只小狼也连声嗷叫，老狼又闻声赶去，就不停地奔波于两树之间，终于累得气绝身亡。

这只狼之所以累死，原因就在于它企图救回自己的两只狼崽，一只都不想放弃。实际上，只要它守住其中一棵树，用不了多久就能至少救回一只。

我们没有理由说狼很笨。有时人比狼都笨。古人讲：“用兵之害，犹豫最大；三军之灾，生于狐疑。”就是这个道理。

可见，我们在做判断的时候，对世俗复杂环境我们能避开的就避开，不要轻信别人的胡言乱语，人要有自己的主见。你要有坚定的信念，只有自己当机立断，相信自己的判断和能力，远离小人，你的事业才会成功。

这个道理同样可以运用到如何抓住机遇上，生活中的你，在决定某一件事情之前，你应该运用全部的常识和理智慎重地思考。如果发现好的机会，就必须抓紧时间，马上采取行动，才不至于贻误时机。如果犹豫、观望而不敢决定，机会就会悄然流逝，后悔莫及。瞻前顾后的行动习惯使人丧失许多机遇，很多时候，很多事情，如果我们能下定决心去做，事情的结果就会大不相同。

的确，工作和生活中，不乏这样的人，他们激动的多，行动的少，表扬的多，真干的少。因为他们在准备实践的时候，总是考虑这个考虑那个，而这样，肯定会错失时机，后悔莫及。最大的成功并不是那些嘴上说得天花乱坠的人，也不是那些把一切都设想得极其美妙的人，而是那些脚踏实地去干的人。其中，素质不足、自信不足、心态消极、目标不明确、计划不具体、策略方法不够多、知识不足、过于追求十全十美，这些都是他们瞻前顾后、不敢行动的原因。

要想放下这种忧愁思绪，首先得先训练自己对真理的判断能力，但最重要的还是要训练自己在判断之后，坚定、勇敢、自信地去把这个判断付诸实行。对一个坚决朝着目标行进的人，别人一定会为他让路，而对一个踟蹰不前，走走停停的人，别人一定抢到他前面去，决不会让路给他。

那么，如何克服犹豫不决、优柔寡断呢？经验证明以下方法卓有成效，不妨一试：做事时，要有“今天是我们生命中的最后一天”的“荒诞”意识。

“假如今天是我生命中的最后一天”，这是美国畅销书《世界上最伟大的推销员》的作者奥格·曼狄诺警示人生的一句话。无论是谁，无论是想干一件什么事，如果优柔寡断的话，就会一事无成，而这种意识，恰恰是一把利刀，可立即斩断你的忧思愁缕，也像一口警钟，督促你当机立断，刻不容缓。

同时你还要放下包袱不顾一切，要有一种豁出去的心态。“大不了就是做错了”“大不了就是被人笑话一顿”，而这些又能对你怎么样呢？一旦你有了这样一种意识，肯定就会敢做敢当，优柔寡断的现象肯定会在你身上消失得无影无踪。

不要小看了优柔寡断的习惯给我们带来的副作用，许多可以改变命运的契机，都因为我们的优柔寡断而与我们失之交臂，永不再来。

犹豫是成功的大忌。那些总是瞻前顾后的人，总是平白失去很多机会。要想致富，就要有抛却一切顾虑的勇气，心动不如马上行动，别等到机遇离去时才感到惋惜。

与时俱进，才能抓住机遇

生活中，我们常听他人说“与时俱进”这一词，也就是说，我们在做人做事时，要懂得变通，毕竟我们所生活的时代每天都在变幻，守旧的思维模式只能让我们被时代抛弃。事实上，自古以来，人类的进步就是因为能做到与时俱进，能做到思维的创新，可以说，人类如果故步自封，就只会停滞不前。同样，作为单个人，能不能做到思维上的与时俱进，直接关系到一个人的事业成败，因为只有创新才能激活自己全身的能量。

因此，我们每个人都要明白，在瞬息万变的当今社会，真正的危险不是知识和经验的不足，而是故步自封，跟不上时代的步伐。

一个人要想成功，勇气、努力都必不可少，但更重要的是，人生路上要懂得与时俱进，要懂得不断收集各种资讯，使自己对环境和追求的事业的方向有更充分的了解。因为一个人只有了解得越多，才越有应变的能力。

他是个农民，但他从小的理想就是当作家。为此，他一如既往地努力着，十年来，坚持每天写作500字。每写完一篇，他都改了又改，精心地加工润色，然后再充满希望地寄往各地的报纸杂志。遗憾的是，尽管他很用功，可他从来没有一篇文章得以发表，甚至连一封退稿信都没有收到过。

29岁那年，他总算收到了第一封退稿信。那是一位他多年来一直坚持投稿的刊物的编辑寄来的，信里写道："看得出你是一个很努力的青年，但我不得不遗憾地告诉你，你的知识面过于狭窄，生活经历也显得过于苍白。但我从你多年的来稿中发现，你的钢笔字越来越出色。"就是这封退稿信，点醒了他的困惑。他意识到，自己不应该对某些事过于执着。他毅然放弃写作，而练起了钢笔书法，果然长进很快。现在他已是有名的硬笔书法家，他的名字叫张文举。就这样，他让理想转了一个弯，继而柳暗花明，走向了成功。

诚然，我们要承认的是，一个人要想成功，就必须要做到努力、奋斗、坚持不懈，但毅力要起到作用，还必须是建立在一条正确的道路的基础上。在错误的道路上坚持，只会让你逐渐偏离成功的人生轨道。我们一定要懂得变化和放弃，具备应变的能力，我们才可能抓住成功的机会。

我们都知道，在通往成功的道路上，处处都可能有被错过的良机，只有善于把握机会，哪怕是万分之一的机会，你的人生理想都有可能尽快实现。

现实生活中，人们都知道机遇的重要性，但并不是所有人都能把握住机遇。事实上，在机遇面前，很多人只会一味地模仿别人，以为众人走过的路，用过的方法，是最保险的。但殊不知，在众人都踩过的路上，很难有令人惊喜的果实被人发现。

人是善于思考的动物，处于竞争激烈、变化多端的社会中，当我们一旦发现自己的定位与现实不合拍的时候，调整步调才是最明智的选择。

可见，在漫长的人生旅途中，每一个人不能不面对变化，不能不面对选择。学会变通，不仅是做人之诀窍，也是做事之诀窍。那么，我们该怎样做到关注前沿信息、提高自己的思维变通能力呢？

1. 关注前沿信息，更新观念

我们要关注时事新闻，关注周围世界的变化，这样，你才能逐步更新自己观念和强化自己的变革意识。

2. 学会变通，要有勇气应对变化

勇气的作用就是调动起自己全部的能力去迎接变化和挑战。一个人想学会变通，首先必须鼓气勇气，勇气是人的一种非凡力量。它虽然不能具体地去处理某一个问题，克服某一种困难，但这种精神和心态却能唤醒你心中的潜能，帮助你应对一切变化和困难。

3. 学会变通，要有信心开发潜能

所谓信心，就是一种心态潜能。也就是说你是一个充满信心的人，你有信心克服困难，有信心获得成功。那么，你身上的一切能力都会为你的信心去努力，你也就有可能成为你希望成为的那样；反之，如果你缺乏信心去努力，总以为自己没有能力去做这一切，那么，你的一切能力也就会随之沉寂，自然你就成为一个没有能力的人。

4. 要善于改变自己的思维定式

人的思维方式，常常出现两大定式：一是直线型，不会拐弯抹角，不会逆向思维和发散思维；二是复制型思维，常以过去的经验为参照，不容易接受新鲜事物。

实践证明，不管你是觉察到还是没有觉察到，不管你是愿意还是不愿意，每个人时时刻刻都在寻求变通，所不同的是，善于变通的人越变越好，而不善于变通的人却是越变越差。我们只要掌握了变通之道，就会应对各种变化，在变化中寻找到机会，在变化中取得成功。

总之，任何一个人，如果你希望自己能适应现在的工作、生活乃至整个社会环境，你需要明白“适者生存”这个道理，要懂得适应时局，并要积极思考，随时调整自己。只有这样，才有可能抓住机遇！

每一次不幸都能转化为机会

我们在向目标进发的过程中，难免会遇到不幸、逆境，而其实，每一次的不幸也是机会，充分利用它，就能够促进自己的发展。犹太人常说：“悲观者只看见机会后面的问题，乐观者却看见后面的机会。”乐观的人，不仅能看到眼前的问题，还能发现问题后面的机会。

生活中的人们，我们也要明白，其实，所有的坏事情，只有在我们认为它是不好的情况下，才会真正成为不幸事件，只要能够从坏中看好，采取有效的措施扭转这个趋势，耐心地找准一个方向，就一定会别有洞天。这样不仅能解一时之围，更能找出你自身存在的问题，使自己赢得更持久的能力。

我们发现，那些成功者，无不是经受了无数磨难，练就了一身功夫，所以他们才能在关键的时候，不让自己走入山穷水尽的将死之路，而是慢慢地将死路走成活路。我们常告诫自己和他人要把握和抓住机遇，其实，我们更应该为自己创造机遇，只有积极努力、做足准备，才能张开双臂，在机遇来临时扑个满怀。

罗蒂克·安妮塔对于英国的家庭女性来说，大概是家喻户晓的名字，因为她曾经也是一位家庭主妇，后来创办自己的公司——美容小店连锁集团，进而成为英国著名的女企业家。

安妮塔出生于意大利，毕业于面向贫民子女的牛顿学院，婚后，她的日子过得并不宽裕。

为了改善经济状况，安妮塔决定自己创业。婚前，安妮塔曾有过一次长途旅行——南太平洋，她对土著居民使用的以绿色植物为原料的化妆品产生了浓厚的兴趣，她采集了不少天然化妆品原料。她认为天然化妆品是一种行业优势，绝对比那些化学化妆品更受欢迎，而当时最大的问题她如何找来4000英镑的资金，唯一的办法只能是求助于银行贷款。

安妮塔带着两个女儿来到银行，并陈述了自己的难处，但最终被拒绝，因为经理认为银行不是慈善机构，拒绝了安妮塔的贷款要求。

但是，这并不能让安妮塔打消创业的念头，她积极寻求解决办法。一个星期之后，她穿上特制的西服，俨然一副商界女士的打扮再次来到银行。她还准备了一大摞文件，包括可行性报告和房产凭据等。文件中把她筹划的小店包装成世界上最好的投资项目，把自己美化成具有丰富经验的化妆品专业的商界奇才。这次她改变了策略，用商业银行的游戏规则——越有钱的人越容易借贷，来与银行周旋。

那位银行经理在一周之前根本没有把安妮塔放在眼里，所以没认真注意她。这次改头换面再来时，竟没认出她来。安妮塔的资历通过了银行的审查，很顺利地贷到了4000英镑，这笔钱成为她非常重要的启动资金。

1976年3月27日，安妮塔的美容小店正式开张。由于此前《观察家报》报道了她开店的情况，结果该店一炮打响，顾客盈门，第一天的收入就达到 130 英镑。

此后，安妮塔的小店生意越做越好，分店开得也越来越多，她的小店变成了遍布全球的大企业，许多抱有像她一样愿望的家庭主妇，加盟她的连锁集团后成为百万富婆。

其实，无论做什么事，都不可能一帆风顺，失败者选择了放弃，所以他失败了；成功者选择了坚持和面对，所以他在挫折中获得了成长。

洛克菲勒曾说："我总设法把每一桩不幸化为一次机会。"的确，任何一个人，任何一家企业，都有可能遇到危机，都有可能遇到不幸，我们如何看待不幸、如何处理危机，直接关系到我们能否寻找到出路。可以说，洛克菲勒的创业史处处充满了危机，他曾面对资金危机、炼油厂失火、政府污蔑等，但最终，他都凭强大的自信、强有力的危机处理能力让企业转危为安。

英特尔公司前 CEO 安德鲁在价值五亿美元的有缺陷的英特尔奔腾芯片必须被召回并更换的灾难性事件后，在其自传《只有偏执狂才能生存》一书中说道，商业成功饱含自身毁灭的种子。因为商业环境变化不是一个连贯的过程，而是一系列亮点或者"战略转折点"，一个公司运营的基础突然发生变化并且没有预先的警告，这些点的出现可能意味着新的机会或者是终点的开始。

人们在做一件事情的时候经常会因为方法不当而走入死路，这时候，转换一下思路，就能让死路变成活路，有的人不知道如何转变，只是一味地按照原来的思路走，这样就容易让自己的路越走越窄，甚至出现无路可走的情况。

没有机会时要善于制造机会

在通往成功的道路上，机遇在人的一生中扮演着重要的角色。机遇无处不在。抱怨没有机会的人，实际上是不善于识别机会和发现机遇，他们总是在仰望远处的高山，却忽视了脚下的矿石。而目光敏锐、头脑灵活的人，总能在机会的身影还若隐若现时，就做出自己的判断，并大胆地行动。因此，我们可以说，天上不会掉馅饼，你需要记住的是，为机遇努力、积累实力并不是一句空话，更需要你们付诸实践。只要你积极主动，制造机会，哪怕是万分之一的机会，你的人生理想都有可能实现。

细心的你可能发现，在那些成功者身上，都有一个共同的规律：他们的成功都来自于一个特殊的机缘，但这机缘的出现，似乎又是注定的，因为他们总是能为自己制造机遇。用行动说话！作为华人首富，李嘉诚的名字可谓家喻户晓。他之所以能成为首富，也并非没有规律可循：从打工的时候起，他就是一个懂得为自己争取机遇的人。

李嘉诚的父亲是位老师，他非常希望李嘉诚能够考个好大学。然而，父亲的突然去世，使得这个梦想破灭了：家庭的重担全部落到了才十多岁的李嘉诚身上，他不得不靠打工来维持整个家庭的生存。他先是在茶楼做跑堂的伙计，后来应聘到一家企业当推销员。干推销员首先要能跑路，一点难不倒他，以前在茶楼成天跑前跑后，早就练就了一副好脚板，可最重要的，还是怎样千方百计把产品推销出去。

有一次，李嘉诚去推销一种塑料洒水器，连走了好几家都无人问津。一上午过去了，一点收获都没有，如果下午还是毫无进展，回去将无法向老板交代。尽管推销得不顺利，他还是不停地给自己打气，精神抖擞地走进了另一栋办公楼。

他看到楼道上的灰尘很多，突然灵机一动，没有直接去推销产品，而是去洗手间，往洒水器里装了一些水，将水洒在楼道里。十分神奇，经他这样一洒，原来很脏的楼道，一下变得干净起来。这一来，立即引起了主管办公楼的有关人士的兴趣，一下午，他就卖掉了十多台洒水器。

李嘉诚这次推销为什么成功了呢？很简单，因为他明白客户的一个心理——别人说得再好，不如我看到的，不如我亲身体验的。所以在推销中，他经常都会主动、积极地为客户示范。其实，在李嘉诚早年的推销工作中，他都很重视方法的运用，正因为善于思考、注重分析，李嘉诚的成交量总是比其他推销员多。其实，纵观李嘉诚的奋斗历史，其实就是一个不断用方法来改变命运的历史。他能想到的，也就做到了，不断去实践就是为什么他能成功的原因。

人们常说，是金子总会发光。其实不然，不是每一位有才华的人就一定会飞黄腾达，当机遇不来的时候，怨天尤人也无济于事。当机遇来临的时候，犹豫不决、畏缩不前则是你自甘平庸的结症。

“机遇是留给那些有准备的人”，但同时，机遇也是需要我们主动创造的。那些甘于沉沦和平庸的人最终会沉沦和平庸下去，而那些主动执行、善于创造机会的人，则从最平淡无奇的生活中找到一丝微弱的机会，他们用自身的行动改变了他们的处境。

因此，现在的你也需要明白，未来社会，如果你想要干一番大事，你就要善于把握机会，绝不放弃。

生活中，一些人总是抱怨命运不公，得不到机遇的垂青，而实际上，你们这是在坐等机遇，而不是创造机遇，守株待兔通常会让机遇从身边溜走，梦想也就会随之成为泡影。

艾森豪威尔在各场战斗中都表现突出，因此，很受克拉克将军的赏识。

这一年，马歇尔打算在手下部将中挑选出一个人作为作战处副处长。他向陆军总司令部副主任克拉克询问意见，克拉克坚决地告诉他：“我推荐的名单上只有一个人的名字。如果一定要十个人，我只有在此人的名字下面写上九个‘同上’。”这个人就是艾森豪威尔，他因才能出众而倍受克拉克器重。

马歇尔采纳了克拉克将军的意见，这成为艾森豪威尔一生中的转机。艾森豪威尔后来曾说过：“运气对一个人派职，在适当的时间处于适当的地点等方面都起着重要的作用。”

人一生的机遇至关重要。如果不努力，不提高自身素质，机会很难降临。从艾森豪威尔的身上，可以得到这样的启示：机遇总是垂青于勤奋刻苦而博学多才的人。

当命运之神把我们推到这个社会，当我们胸怀壮志努力奋进，当我们列好计划即将一展宏图，那就让我们立刻行动！只有实践才能让你赢得更多的机遇，才能时刻整装待发，冲刺成功！

第7章

克制自己，
才能成就将来更好的自己

我们都知道，没有人能随随便便成功，成功需要有较强的意志力，更要有较强的自控力。自控力是成功和幸福的助力、保障，同时也是一个人性格坚强与否的重要标志。为此，每一个正在为梦想奋斗的人，都要认识到一点，我们是自己行为和头脑的主人，所以应该学会自控、自律。放任自流、人云亦云的人生是悲哀的，我们应该成为主宰自己命运的人，走自己的路，走出自己的风格，走出自己的个性，我们的人生才会是独特的，才会是精彩的。

学会自控，收起你的“玩”心

生活中，我们常听到这样一句话：“没有人能随随便便成功”，的确，我们不难发现，大凡做出一些成就的人来说，他们必定会经受一些磨难，吃尽苦头，然后才能等到出头之日，一鸣惊人。在这个过程中，他忍耐着痛苦与辛酸，精神上的、身体上的，那些痛彻心扉的日子，他们咬着牙，将滴落的血吞进肚子里。有时候，为了完成自己心中的理想，他可能会需要寄人篱下，甚至遭人白眼，受人讽刺，但他们都忍耐了过来，在这个过程中，他们放弃的就是暂时的享乐。但实际上，他们明白，他们最终会有守得云开见月明的一天，到那时，自己以前所受的所有苦难都是值得的，因为它们已经凝结成了耀眼的成功的光环。

数九寒天，一座城市被围，情况危急。守将决定派一名士兵去河对岸的另一座城市求援。这名士兵马不停蹄地赶到河边的渡口，但却看不到一只船。平时，渡口总会有几只木船摆渡，但是由于兵荒马乱，船夫全都逃难去了。士兵心急如焚。他的头发都快愁白了，假如过不了河，不仅自己会成为俘虏，就连城市也会落在敌人手里。

太阳落山，夜幕降临。黑暗和寒冷，更是加剧了士兵的恐惧与绝望。更糟的是，起了北风，到了半夜，又下起了鹅毛大雪。士兵瑟缩成一团，紧紧抱着战马，借战马的体温取暖。他甚至连抱怨自己命苦的力气都没有了，只有一个声音在他心里重复着：活下来！他暗暗祈求：上天啊，求你再让我活一分钟，求你让我再活一分钟！当他气息奄奄的时候，东方渐渐露出了鱼肚白。

士兵牵着马儿走到河边，惊奇地发现，那条阻挡他前进的大河上面，已经结了一层冰。他试看在河面上走了几步，发现冰冻得非常结实，他完全可以从上面走过去。士兵欣喜若狂，就牵着马从上面轻松地走过了河面。城市就这样得救了，得救于士兵的忍耐和等待。

对成功人士来说，任何委屈都不足以让他心灰意冷，相反更能鼓舞士气，激发起一定要做成大事的欲望。能忍耐的人，能够得到他所要的东西。忍耐即是成功之路，忍耐才能转败为胜。

历史上，勾践灭吴的故事早已家喻户晓，而勾践能做到“卧薪尝胆”就是一种自控力，战败后的他完全可以继续自己享乐的生活，但是他却选择了忍耐，在吴王夫差面前，他饱受百般屈辱，并自称“贱臣”。这样的姿态，比委曲求全更甚，自己所受的侮辱和苦难那不是普通人能及的，但勾践都一一忍耐了过来，这样的委曲求全，实则是一个计谋，勾践早已经将整个计划运筹帷幄于股掌之间。于是，这才有了后面“勾践灭吴”的故事。

的确，在人生发展的道路上，我们选择如何继续往前走，决定了我们生命的高度，一些人贪图享乐，甚至却总是愿意一条道走到黑，他们浑浑噩噩地度过每一天，在错误的道路上越走越远，甚至在追逐已定目标的道路上逐渐迷失了自己。因此，我们每个人都应该学会正确地定位自己、认清自己，看到自己的价值，然后找准目标，挖掘到自己的内在动力，再朝着正确的方向努力，你就能充分发挥自己的价值。总之，我们要告诫自己，绝不做一个没有追求、漫无目的的享乐主义者！

然而，我们不得不承认的是，现代社会，随着物质生活水平的提高和科学技术的进步，一些人被周围的花花世界所诱惑，一有时间，他们就置身于灯红酒绿的酒吧、歌厅，就连独处时，他们也宁愿把精力放在玩游戏、上网上，而时间一长，他们的心再也无法平静了，他们习惯了天天玩乐的生活，他们再也没有曾经的斗志，最后只能庸庸碌碌地过完一生。

因此，无论何时，我们都要控制自己的“玩”心，享乐只会让我们不断沉沦，闲暇时我们不妨多花点时间看书、学习，不断地充实自己，才能在未来激烈的社会竞争中立于不败之地。

任何一个人，要想有一番作为，就必须要学会自控，控制自己的“玩”心、剔除自己的享乐主义心理。事实上，那些成功者之所以成功，并不是因为他们喜欢吃苦，而是因为他们深知只有磨炼自己的意志，才能让自己保持奋斗的激情，才能不断进步。

管住自己的嘴巴是自控的第一步

中国人常说：“民以食为天”，中国是饮食文化很悠久的国度，人们讲究吃、爱吃，在中华大地上，充满了各种各样的美味。我们从不否认食物对人的健康的重要性，“人是铁饭是钢”，食物能为我们的身体提供能量，我们只有在保证身体能量充足的情况下，才能进行正常的工作和学习，但对于食物，我们绝不能毫无抵抗力，事实上，抵御美味的诱惑是自控的第一步，一个人连自己的嘴都控制不住，又怎么能控制自己的行为，最终掌控自己的人生呢？

琳达是个典型的女强人，从大学毕业到现在已经有八年时间，在这八年时间内，她为公司带来很多利润，如今的她已经是这家公司的副总了，但令她烦恼的是，和她的工作成绩一样，她的体重也是“蒸蒸日上”。这主要还是因为她的饮食习惯导致的。

在曾经的几年时间内，她最大的爱好就是在办公室的抽屉里放上巧克力，她每隔半小时就得吃一块，甚至一次吃上五六块，她很喜欢巧克力在嘴里融化的感觉。只要能吃上一口巧克力，她即使再累，也会立即有了精神。

但如今的琳达却不知如何是好，她知道问题出现在这里，但怎么才能解决呢？

琳达是个很有意志力的女人，她曾在上学时就在半个月内把成绩从全班第十名提升到全年级第三，她曾经为了在校运动会上拿到八百米赛跑的第一名每天早上五点起来锻炼；曾经在和一个客户打交道的过程中，她被客户拒绝了十几次却依然没有放弃……想到这些，琳达告诉自己，难道区区几块巧克力能打倒自己？

说做就做，她从自己的抽屉里撤掉了这些巧克力，把他们分给了办公室的那些下属们，当然，她常常会怀念那些巧克力的味道，她也完全可以去她们的桌子上拿一块尝尝，因为他们并不知道副总把这些巧克力分给自己的真实原因。曾经一段时间内，巧克力的压力一直沉甸甸地挂在她心头。但她问自己，如果自己偷偷吃了一块，那么，我会找借口鬼鬼祟祟吞下另一块吗？这种压力如此之大，以至于琳达宁愿给 10 米以内的下属打电话或发邮件，也不愿意走过去面对人家桌上诱人的巧克力。

但就在三周以后，琳达发现，自己完全能控制住自己对巧克力的欲望了。她甚至能弯下腰去闻下属桌上巧克力的香味而不去吃。

很多琳达的姐妹都感到诧异，她们依然拿着自己心爱的奶昔、薯条，慨叹自己为什么意志力如此薄弱。相比之下，琳达也无法想象自己竟有这么坚强的意志。不过无论什么原因，她做到了，现在，她又看到了自己昔日苗条的身材，现在的她也更有自信了。

案例中的琳达是个自控力很强的女人，在意识到巧克力对自己身体的危害之后，她能果断“戒掉”。这对于很多无法抵抗住美食诱惑的人来说是一个最好的激励。

的确，美味是一种挑战——挑战人类的勇气也挑战人类的理智。我们常常以尝遍天下美味为自豪，但我们为了口腹之欲所付出的代价却仍然没有让我们明白一个浅显的道理：对于美味的诱惑，我们同样应该学会抵抗。

在我们需要抵抗的诱惑中，有名利地位的诱惑，有对物质的欲望，有对精神的欲望，但无论如何，我们首先要做到的是抵御美味的诱惑，它是自控的第一步。因为口腹之欲是人的最基本欲望，如果连最基本的欲望都无法控制的话，在其他更高层次的欲望面前，我们又怎么能抵挡得住呢？我们不难发现，那些失败者，都是自控力差的人，而他们最大的特点之一就是对食物不加节制，他们控制不住自己的嘴，自然也无法控制自己的意志，更不可能取得辉煌的成就。

一个人要追求成功和幸福，就需要有较强的自控力，这是毋庸置疑的，自控力是成功和幸福的助力、保障，同时也是一个人性格坚强与否的重要标志。自控力体现在很多方面，但抵御美味的诱惑是自控的第一步，一个能控制自己口腹之欲的人才谈得上控制自己的思想和行为，才能获得真正幸福的人生。

成功要经得住诱惑

古往今来，凡是成功人士，他们往往具有一个共性特质：善于自律，以达到某种目标。在我们追求梦想的路上，也充溢着形形色色使人难以抵制的名利诱惑，我们只有秉持一颗忠诚的心，才能坚持原则，不被诱惑打倒。

在如今的南非的沙比亚丛林，依然生活着原始的西布罗族人。他们以捕猎为生，而对于捕猎，他们有着一套自己的方法：他们会在丛林的地上铺成一大片的胶泥地，再在上面放一只鸡或一只野兔，然后他们只需要安静地等待就可以了，因为在丛林之中生存的大部分都是食肉动物，看到这些兔子或鸡，自然会扑过来，然后一步步走入泥沼，越挣扎越深。而陷阱中的动物又会引来更多的动物。几天之后，西布罗族人抬来木板，铺在胶泥上，轻而易举地将猎物收入囊中。

这些动物为什么跑进陷阱去自寻死路？原因很简单，在欲望的陷阱面前，它们迷失了自己。作为人，面临这样简单的骗局，又会怎样呢？答案还是很简单，同样会迷失自己，步入陷阱而不能自拔。

我们再来看下面这样一则寓言故事：

一只正在偷食的老鼠被猫逮住。老鼠哀求："请放过我吧，我会送给你一条大肥鱼。"猫说："不行。"老鼠继续说："我会送给你五条大肥鱼。"猫还是不答应。老鼠仍不死心："你放了我，以后我每天送给你一条大肥鱼。逢年过节，我还会拜访你。"

猫眯起眼睛，不语。

老鼠认为有门儿了，又不失时机地说："你平常很少吃到鱼，只要肯放我一马，以后就可以天天吃鱼。这件事情只有天知地知，你知我知，其他人都不知道，何乐而不为呢？”

猫依然不语，心里却在犹豫：老鼠的主意的确不错，放了它，我能天天吃到鱼。但放了它，它肯定还会偷主人的东西，胆子越来越大。我再次抓住它，怎么办？放还是不放？如果放，它就会继续为非作歹，主人会迁怒于我，把我撵出家门。那时，别说吃到鱼，就连一日三餐都没了着落。如果不放，老鼠或其同伙就会向主人告发这次交易，主人照样会将我扫地出门。如果睁只眼闭只眼，主人会认为我不尽职守，同样会将我驱逐出去。一天一条鱼固然不错，但弄不好会丢掉一日三餐，这样的交易不划算。

想到这些，猫突然睁大眼睛，伸出利爪，猛扑上去，将老鼠吃掉了。

猫是聪明的，它的选择也是正确的。面对老鼠的许诺，它最终还是选择了一日三餐。一日三餐便是它的底线。猫当然希望一日一鱼，但连起码的一日三餐都保不住的话，一日一鱼便成了水中月、镜中花。

可悲的是，现实生活中的一些人，总是不安于现状的，他们并不是被那些“一日一鱼”所诱惑到，而是总有无止境的追求，于是，便在这所谓的追逐中失去了原本快乐的自我。

古人云：壁立千仞，无欲则刚。在诱惑面前，我们只有做到“无欲”，做到心理平衡，才能抵挡的住诱惑。具体来说，我们应做到：

1. 坚定信念

信念都是一股强大的精神力量，它能起到支持我们行动的作用，是我们不断努力的源泉，还可以让我们的内心穿上一层保护衣，从而屏蔽诱惑。所以，在遇到诱惑的时候，尤其不要放弃你心中的信念，因为它是你继续前进的动力和生存下去的支柱。

2. 认清不良诱惑的危害

面对纷繁复杂的诱惑，人们必须保持足够的定力，认清它背后存在的各种危险，因此，当你彷徨的时候，不妨问问自己：“如果我做了这件事，会有什么后果？”“它是不是真的能带来成功呢？”“为此，我会失去什么？”多问自己几次，你就能权衡出利弊得失了。

3. 做到专注于本职工作与慎微并行

抵制诱惑是一种意志和信念的较量。这需要掌握一种有力的心智盾牌——专注，唯有专注才能抵御诱惑。俗话说：“勿以善小而不为，勿以恶小而为之”。如果小事不注意，小节不检点，久而久之，必然会出大格。

自制力让你飞得更高

中国人常说，金无足赤，人无完人，的确，人最大的敌人是自己。只有能够战胜自我的人，才是真正的强者。很多时候，一个人是否有自控心理，是否有自控力，它的意义就如同汽车的方向盘对于汽车一样。不难想象的是，一个汽车，如果没有方向盘的话，它就不能在正确的轨道上运行，最终也只能走向车毁人亡。而一个自控心理强的人，就像一个有着良好制动系统的汽车一样，能够在很大程度上随心所欲，到达自己想要去的任何地方。因此，我们可以说，美好人生，就是自控心理开始的。

巴西球员贝利，被人们成为“世界球王”“黑珍珠”，在他还很小的时候，他就在足球上表现出了惊人的天赋。

有一次，贝利与他的同学刚打完一场比赛，已经精疲力尽，此时，他看到小伙伴在抽烟，就要了一根，这样能提神醒脑，然而，他抽烟的举动早已被站在远处的父亲看见了。

这天晚饭后，贝利正在看电视，父亲把他叫过来，然后很严肃地问："你今天抽烟了？"

"是的，是爸爸。"贝利知道自己做错了事，但他不敢撒谎。

但令他奇怪的是，父亲并没有发火，而是从椅子上站了起来，然后在房间里来回踱步，接着说："孩子，我承认，你在踢球上有点天赋，但抽烟对身体的危害极大，如果你继续抽烟，那以后恐怕是无法发挥出你的水平的。"

听到父亲这么说，小贝利的头更低了。

父亲又语重心长地接着说："我作为你的父亲，虽然应该管教你，但人生是你自己的，我只希望你搞清楚，到底是继续抽烟，还是做一个有出息的足球运动员？孩子，你已经长大了，该懂得如何选择了。"说着，父亲还从口袋里掏出一叠钞票，递给贝利，并说道："如果你不想做球员了，那么，这些钱你拿去买烟好了！"父亲说完便走了出去。

此时的贝利哭了，他知道父亲这番话的分量，犹如一记耳光打在自己脸上，他猛然醒悟了，他拿起桌上的钞票还给了父亲，并坚决地说："爸爸，我再也不抽烟了，我一定要当个有出息的运动员。"

从此以后，贝利再也不抽烟了，不但如此，他还把大部分时间都花在刻苦训练上，球艺飞速提高。15 岁参加桑托斯职业足球队，16 岁进入巴西国家队，并为巴西队永久占有"女神杯"立下奇功。如今，贝利已成为拥有众多企业的富翁，但他仍然不抽烟。

欲胜人者先自胜！胜人者有力，自胜者强。谁征服了自己，谁就取得胜利。对自己苛刻，征服自己的一切弱点，正是一个人伟大的起始。大凡成功的人，都有极强的自制力。

当然，做到严格要求自己是需要自制力的，而自制力的培养是一个循序渐进的过程，因为自制力不可能是一念之间产生的，也不是下定决心就可以立刻形成的，其形成需要一个过程。如果你给自己规定从明天开始就要好好学习，一旦达不到目标你往往就会产生挫折感和无能感，丧失改变自己的信心。所以，你应把培养自制力融入到日常生活中，而不要期望一蹴而就。

要想做到严格要求自己，我们需要做到：

1. 认识到自制的重要

你要培养坚定的自制力，首先要从心里认识到自律的重要，然后才能自觉地培养。只有坚决地约束自己、战胜自己，最终才能战胜困难，取得成功。

2. 为自己设立适宜的目标

你的自我期望要建立在符合自己的实际情况、切实可行的基础之上。作为未来社会的接班人，你应该有理想，有志向的，但这种理想和志向，不能是高不可攀的，也不应当是唾手可得的，而应该是通过一定的努力，可以实现的适宜的目标，应该符合个人的个性特点和实际能力水平。

我们听过这样一句话“上帝要毁灭一个人，必先使他疯狂。”这句话的意思是，一个人，一旦失去自制力后，那么，他距离灭亡的距离也不远了。的确，一个人连自己的行为也不能控制，又怎么能做到以强烈的力量去影响他人，获得成功呢?

总之，失去控制的人生最终会使你失败。唯有自制的人，才能抵制诱惑，有效地控制自身，把握好自我发展的主动权，驾驭自我。一个人除非能够控制自我，否则他将无法成功。

敢于走自己的路，世界都会为你让路

成功者在大多数人之外。我们都渴望成功，但最终成功的往往是那些走“小道”的人，人云亦云、混迹于人群中的人即使有天赋，最终智能也是泯然众人。因此，生活中的人们，如果你希望获得成功，就要有与众不同的思维，要走与众不同的路，当你认为自己选择的路正确时，请坚持你的选择，别太看重别人怀疑和反对的态度，坚持自我，你会有更大的突破。

元朝有个著名的学者，叫许衡。在他身上曾经发生过这样的一个故事：

有一次，他跟着一群小朋友到荒郊野外去游玩、嬉戏。大家都玩得很开心、很疯狂，不一会，因为天热，这群孩子不久就觉得口渴了，这个时候，他们刚好看见路旁有一棵梨树，于是，大家便争相前去抢食梨子以解渴。

当大家吃得津津有味、口水直流的时候，忽然发现只有许衡安安静静地坐在树下，并没有参加抢梨大战。

有些孩子觉得奇怪，大家吃梨解渴，很是开心，为什么单单就许衡一个人不去摘梨呢？有人问他，他却淡淡地回答说：“不是自家的东西，不能随便摘。”

许衡这么说，大家都不以为然，直觉得扫兴，还纷纷回嘴说：“现在是什么时期？兵荒马乱，许多人家死的死、逃的逃，这只不过是一棵没有主人的梨树而已，为什么不能摘来吃？不吃白不吃，未免太傻了吧！”

许衡有点恼怒，立刻一本正经地回答说：“这棵梨树或许真的没有主人，可是我们的心，难道也没有个主张吗？一定要随心所欲偷吃不属于自己的东西吗？”

许衡的做法是对的，一个人，活着就必须要活出自我，要有自己的主张，这样才能维持一个人的格调。一般人都只有“偏见”，而少有“主张”，尤其是自己独一无二的“主张”，所以难有吸引人的“特质”。

诗人但丁曾说：“走自己的路，让别人去说吧。”这句话的含义是，当你认为自己选择的路正确时，请坚持你的选择，别太看重别人怀疑和反对的态度，坚持自我，你会有更大的突破。

那么，生活中的人们，如果你所希望走的路与周围人想法相背离时，你是坚持自己的想法还是听从他人的意见呢？其实，此时，如果你认为自己的观点是正确的，那么，你就要坚持。未来社会，相信自己正确，那么，你就敢走自己的路，就能不怕失误、不怕失败，在大多数情况下，不敢自信走“小路”的人，通常也难成为创新型人才。

我们不难发现，那些真正的成功者多半都是特立独行的，在他们追求成功的道路上，他们也听到了来自各方的反对的声音，但他们始终坚持自己的信念，无论别人反对的态度有多么强烈，他们都坚持自己的意见，这才使他们有了更大的成就。我们再来看看理查德的故事：

其实，许多事例证明，别人给予你的意见和评价，往往不是正确的。

音乐家贝多芬在拉小提琴时，他宁可拉自己的曲子，也不愿做技巧上的变动，为此，他的老师曾断言他绝不可能在音乐这条道路上有什么成就。

20 世纪最伟大的科学家爱因斯坦 4 岁时才会说话，7 岁才会认字。老师给他的评语是“反应迟钝，不合群，满脑袋不切实际的幻想”。

大文豪托尔斯泰读大学时因成绩太差而被劝退学。老师认为他“既没读书的头脑，又缺乏学习的兴趣”。

如果以上诸位成功人士不是走自己的路，而是被别人的评论所左右，那他们就不会取得举世瞩目的成就。

因此，人生路上，我们不必过于在意别人的看法。用心思考，你会发现，任何一个成功的故事无不来自于一个伟大的想法，来自于坚持自己内心的声音。

第8章

把握内心，奋进路上切勿浮躁而行

生活中，大概我们每个人都有这样的经历：我们买好了很多种食材，准备熬一锅鲜美的汤，然而，一锅汤往往都需要好几个小时。这期间，我们因为耐不住寂寞，而提前结束了熬汤的过程。很明显，这锅汤是欠火候的，我们为此悔不当初。其实，何止是熬汤呢？我们做很多事的时候，都会因为克服不了浮躁之气而最终失败。相反，我们发现，那些成功者都有个共同特征，那就是他们都能做到脚踏实地、内心淡定、不浮躁，这样，即便他们遇到了危险、沮丧，依旧能坚守内心的目标，的确，即使是一个才华一般的人，只要他在某一特定的时间内，全身心地投入和不屈不挠地从事某一项工作，他也会取得巨大的成就。

成功要付出不亚于任何人的努力

古人云："有志者，事竟成，百二秦关终属楚；苦心人，天不负，三千越甲可吞吴。"这句话的意思就是，只要我们坚持到底，无论梦想多大，都有实现的可能。我们常常发现有许多人在做事最初都能保持旺盛的斗志，然而，随着遇到的挫折的增多，他们变得懈怠，热情也退却了，最终放弃了希望，错过了自己应有的成功。

的确，某些看起来平凡的、不起眼的工作，只要我们能坚持不懈地去做，那么，这种持续的力量就能帮助我们获得事业的成功。

当然，在坚持的过程中，你可能也会遇到一些压力和困难，但我们要明白的是，此时你更应该有超强的意志力，再坚持一下，也许转机就在下一秒。这正如巴甫洛夫曾所说的："如果我坚持什么，就是用炮也不能打倒我！"

很久以前，在一个偏僻的小山村里，有一对堂兄弟，他们年轻力壮，都雄心勃勃。他们渴望成功，希望有一天能够成为村里最富有的人。

一天，村里决定雇佣他们二人把附近河里的水运到村广场的水缸里去。这对他们来说真是一份美差，因为每提一桶水他们就能赚取一分钱，这在小镇来说是最好的工作了。两个人都抓起两只水桶奔向河边。

“我们的梦想实现了！”表哥布鲁诺大声地叫着，“简直无法相信我们的好福气。”

但是表弟柏波罗不是非常确信。他的背又酸又痛，提那重重的大桶的手也起了泡。他害怕明天早上起来又要去工作。他发誓要想出更好的办法。

几经琢磨之后，表弟决定修一条管道将水从河里引到村里去。他把这个主意告诉了表哥，但是表哥觉得他们现在做着全镇最好的工作，不愿意花那么长的时间去修一条管道。

柏波罗并没有气馁，他每天用半天时间来提水，半天时间修管道，并且始终耐心的坚持着。

布鲁诺和其他村民开始嘲笑柏波罗。布鲁诺赚到比柏波罗多一倍的钱，炫耀他新买的东西。他买了一头驴，配上全新的皮鞍，拴在他新盖的二层楼旁。

他买了亮闪闪的新衣服，在乡村饭店里吃可口的食物。村民们称他为布鲁诺先生。当他坐在酒吧里，为人们买上几杯，而人们为他所讲的笑话开怀大笑。

当布鲁诺晚间和周末睡在吊床上悠然自得时，柏波罗还在继续挖他的管道。头几个月，柏波罗的努力并没有多大进展。他工作很辛苦，比布鲁诺的工作更辛苦，因为柏波罗晚上和周末都在工作。

一天天，一月月过去了。表弟柏波罗仍然没有放弃，完工的日期越来越近了。

偶尔，柏波罗闲下来的时候，他看了看布鲁诺，他发现，布鲁诺还在费劲地运水。布鲁诺似乎一下子苍老了很多，背都驼了，步伐沉重起来了，并且，他开始产生抱怨情绪，总是气呼呼的，他不想就这样一辈子运水。

布鲁诺再也不会因为他有大把的时间在吊床上睡觉而感到惬意了，他喜欢泡在酒吧里，现在，当布鲁诺出现的时候，人们都会在背地里议论他："提桶人布鲁诺来了。"那些无聊的醉汉们还模仿布鲁诺驼着背走路的样子，布鲁诺羞愧难当，也不再给别人买酒，那些曾经的笑话现在在他看起来就是最大的讽刺。

而此时，表弟柏波罗正在接近成功，很快，管道完工了！村民们纷纷前来看新管道是怎样运行的，他们看到，清澈的水从管道流入水槽里，整个村庄都有了新鲜的水，因为这条管道，其他村庄的人也都陆续搬到这个村来。

管道一完工，柏波罗不用再提水桶了。无论他是否工作，水源源不断地流入。他吃饭时，水在流入。他睡觉时，水在流入。当他周末去玩时，水在流入。流入村子的水越多，流入柏波罗口袋里的钱也越多。

管道人柏波罗的名气大了，人们称他为奇迹创造者。

人们常说，鱼与熊掌不可兼得，其实，做任何事情都是如此，想要日后达成目标，现在就要忍受痛苦，坚持下去。

任何人、任何事情的成功，固然有很多方法，但最根本的就是需要坚持。不管遇到什么困难，只有风雨无阻并相信自己能成功，就一定能迎来曙光、迎来成功。而相反，如果我们老在前进的道路上给自己设置重重的心理障碍，如果总是让自己刚迈出的脚步又退回原点，那么又如何战胜压力走向终点呢？唯有抱着一种不怕输、不认输的精神，有一种失败后再坚持一下的勇气，那么最终肯定能获得成就。

事实证明，任何一个取得成功的人，都是因为他付出了超乎常人的努力。一个人要想获得人生的幸福，那么每一天都应该勤奋工作。付出不亚于任何人的努力是一个长期的过程，只要坚持就一定能够获得不可思议的成就。

过早成功，易生浮躁之心

生活中的人们，只要你细心观察，你会发现，自古至今，大凡成功者，无不是经历了一番“彻骨寒”，在磨难和痛苦中，他们练就了一身的本领和打不倒的意志。当然，这并不是要告诉我们放弃对成功的追求，而是要让我们学会锻炼自己的韧性，无论当下的情况如何，都不可过分张扬，也不可就此松懈。

哲人尼采说：“少年有成，被人追捧，会让他们变得骄傲，失去正确的价值观，忽视了年长者的教训以及脚踏实地的重要。不仅如此，他们还会迷失成熟的意义，自然而然剥离出由成熟所维持的文化环境。他人随着时间的推移日渐成熟，工作的内涵也越来越深。可他们却难以成长，总是如此幼稚，喜欢炫耀过去的成功与功绩。”

尼采要告诉我们的是，没有人能随随便便成功，过早地成功，会冲昏我们的头脑，让我们变得浮躁，失去正确的价值观，也会失去发展的机会，而一个人只有经历痛苦、失败，才能明白成熟的真正含义，也才能成为一个具备成功者资质的人。我们先来看看下面的故事：

从前，有个叫仲永的孩子，他很小的时候，就表现出了与众不同的才智。

五岁的一天，他突然苦恼着要纸和笔，可他们家里实在是太穷了，哪里有闲钱买这个呢？于是，他的父亲只好从邻居那里借来这些东西，看到纸笔后，他马上不哭了，还写了一手好字呢！

很快，方圆几十里的人都知道一个没读书的孩子居然会写字，他的父亲一看自己的孩子像个神童，便带着他到处去给人写字，有的人为了感谢他就给了他一些银子，他父亲认为仲永能帮他挣钱了，就不让他去读书，而以此为牟利的机会。

过了很多年后，有个出外很多年的人回来了，他向村民打听仲永的情况，问：“永现在如何了？”有一个人回答：“跟普通人没什么两样了。”

仲永本身个资质不错的人，可最终却“泯然众人”。这也证实了尼采的观点——过早地成功也是一种危险。因为过早地尝试成功的滋味，能让一个人变得懈怠，对于年轻人来说，这无异于一种毒药，能让他们停滞不前。

相反，真正有所成就的人都是在等待和忍耐中历练自己，无论年纪多大，也不会放弃梦想，为此，在古今中外的历史上，我们看到了不少大器晚成的故事。

事实上，一个人的成功与年龄并无直接的关系，而是在于内心有一颗永不熄灭的、火热的心，始终对梦想有着强烈的冲动，只要你一直走心中向往的那条路，即便你已经年逾古稀，你依然能驾驭自己的人生，实现自己的人生价值。

当然，要想获得最终的成功，我们还需要从多个方面努力：

1. 做事要有条理有秩序，不可急躁

急躁是很多人的通病，但任何一件事，从计划到实现的阶段，总需要一些时间让它自然成熟。假如过于急躁而不甘等待的话，经常会遭到破坏性的阻碍。因此，无论如何，我们都要有耐心，压抑那股焦急不安的情绪，才不愧是真正的智者。

2. 立即行动，勤奋才能产生行动

我们都知道勤奋和效率的关系。在相同条件下，当一个人努力工作时，他所产生的效率肯定会大于他懒散工作状态下的效率。高效率的工作者都懂得这个道理，所以，他们能够立即投入实际的行动，收获成就感和满足感。

3. 低调中修炼自己，积累自己的实力

这需要你把每件任务当成自己唯一的追求去做，不达目的绝不罢休，调动所有的储备和资源，寻求一切可能的帮助。没有这种锲而不舍的精神，你可能一辈子也做不成什么大事。

当然，我们强调要养精蓄锐，火候未到、锋芒不露，但这并不等同于让你做事畏首畏尾，不敢放手施展抱负。只是凡事都该有个“度”，张扬与内敛之间，就看你如何把握！

慢一点，你的梦想也能实现

生活中，我们每个人都有梦，自打我们还在孩提时代时，就在编织着属于自己的梦。梦想，就像我们人生的航标，黑暗中指引我们前进的明灯。但追求梦想的过程是艰辛的，有的人甚至是用一生来完成一个梦，但无论如何，只要我们坚持梦想，不轻易放弃，即便是慢吞吞的蜗牛也能成功。所以，任何一个还在追梦路上的人，都别担心，只要你有梦想，慢一点完成也会成功。伟大的发明家爱迪生就是一个从不言败的人。

他曾经长时间专注于一项发明。对此，一位记者不解地问：“爱迪生先生，到目前为止，你已经失败了一万次了，您是怎么想的？”

爱迪生回答说：“年轻人，我不得不更正一下你的观点，我并不是失败了一万次，而是发现了一万种行不通的方法。”

在发明电灯时，他也尝试了一万四千种方法，尽管这些方法一直行不通，但他没有放弃，而是一直做下去，直到发现了一种可行的方法为止。他证实了大射手与小射手之间的唯一差别：大射手只是一位继续射击的小射手。

的确，当今社会是一个快节奏的社会，凡是讲究效率，在城市的高楼大厦中，人们都希望在最快的时间内取得事业的成功，然而，任何目标的完成绝不是一蹴而就的，更别说梦想的实现，更需要我们付出努力，做到坚持，做到干一行，爱一行，才能在该领域内取得成就。

小李是个很勤奋的小伙子，在获得企业管理的硕士学位后，就开始在一家国际性的生物科技公司工作，因为学历背景好，他刚进公司，他就被安排在了管理层的职位上，这当然会让很多资深的老员工不满意，尤其是那些和他年纪相当的小伙子们，因为他们还在基层摸打滚爬，为了服众，约翰请求也从基层做起，这令上司很欣赏。

然而，小李并不聪明，甚至是笨拙的，在很多业务问题上，他总是做的很慢。小李的迟钝是明显的，为此，他的上司也开始为他着急："抓紧点，小李，动作快一些！"

然而，小李的速度似乎还是那么不紧不慢，永远都不着急。看到小李蜗牛般的速度，人们开始不满，并用各种语言嘲笑他："如果小李去当快递员的话，那么，我们永远别指望收到东西了。"

即使他们这样说，小李也没有生气，也没有说任何话，而是还按照自己的进度工作、学习。

就这样，小李来公司也已经半年了。此时，公司决定举行一场专业知识和业务能力考试，而第一名将会被选拔为公司储备干部。

令大家奇怪的是，平时少言寡语、工作速度缓慢的小李却一举夺得了第一名，此时，他们才明白，做得好才是成功的硬道理。

故事中的小李是个争气的职场新人，他做事作慢条斯理、不缓不慢，好像一只慢吞吞的蜗牛一样，他看似愚笨，甚至被对手嘲笑，但他专心做自己的事，最终，他用行动证明了自己才是最优秀的，这是一种值得每个渴望成功的人学习的精神。

然而，现实生活中，我们发现，有这样一些人，他们似乎总是心浮气躁，他们有太多的空想，他们要么同时对很多事都感兴趣，要么当手头事出现阻碍时就把目标进行转移，但是，任何目标的实现，正像许多人所做的那样，不仅需要耐心的等待，而且还必须坚持不懈地奋斗和百折不挠地拼搏。切实可行的目标一旦确立，就必须迅速付诸实施，并且不可发生丝毫动摇。

为此，我们需要明白一个道理，慢吞吞的蜗牛也能取得成功，切忌心浮气躁。不要有太多的空想，而要专注于眼前的工作。在生活中的多数情况下，对枯燥乏味工作的忍受，应被视为最有益于人身心健康的原则，为人们所乐意接受。阿雷·谢富尔指出："在生活中，唯有精神的肉体的劳动才能结出丰硕的果实。奋斗、奋斗，再奋斗，这就是生活，唯有如此，也才能实现自身的价值。我可以自豪地说，还没有什么东西曾使我丧失信心和勇气。一般说来，一个人如果具有强健的体魄和高尚的目标，那么他一定能实现自己的心愿。"

通常来讲，越是有所追求、想干点事的人可能遇到的烦恼和痛苦就会越多，凡是达观一点，看开一点，相信自己，终会心想事成。所以，对于你所追求的目标，不妨多给自己一段时间，慢慢来，你最终也会收获颇丰！

内心谦逊，才能不断进步

"虚心使人进步，骄傲使人落后"，这句话三岁的小孩子都会说，意思也很好理解，从字面上一看便知。然而，这样再普通不过的道理，生活中能够按照它去做的人却没有几个，大多数人都只是说一说，从来没有想过可以拿它当作一种指导，一种指引我们行为方向的指南针。骄兵必败，古今中外，这样的例子数不胜数，从曾经霸及一时的拿破仑兵败滑铁卢，到楚霸王项羽自刎于乌江，无一不是在用血的例子来验证这句话的正确。正所谓“九千一毫莫自夸，骄傲自满必翻车。历览古今多少事，成由谦逊败由奢。”即使你曾经有过辉煌的成功史，也不要轻易地骄傲，忍耐一些直到你取得下一次的成功。因此，那些自负的人们，如果你曾经失败了，那么这很正常。

曾经体验过这样一个故事，很有启发，无论你多么强大，多么成功，只要心中被骄傲占据，那么，你最终都会失败。

从前有一个农夫，他的地在一片芦苇地的旁边。那芦苇地里常常有野兽出没，他担心自己的庄稼被野兽毁坏了，就总是拿着弓箭到庄稼地和芦苇地交界的地方去来回巡视。

这一天，农夫又来到田边看护庄稼。一天下来，没有什么事情发生，平平安安地到了黄昏时分。农夫见还安全，又感到确实有些累了，就坐在芦苇地边休息。

忽然，他发现苇丛中的芦花纷纷扬起，在空中飘来飘去。他不禁感到十分疑惑：“奇怪，我并没有靠在芦苇上摇晃它，这会儿也没有一丝风，芦花怎么会飞起来的呢？也许是苇丛中来了什么野兽在活动吧。”

这么想着，农夫提高了警惕，站起身来一个劲地向苇丛中张望，观察是什么东西隐蔽在那里。过了好一会儿，他才看清原来是一只老虎，只见它蹦蹦跳跳的，时而摇摇脑袋，时而晃晃尾巴，看上去好像高兴得不得了。

老虎为什么这么撒欢呢？农夫想了想，认为它一定是捕捉到什么猎物了。老虎得意得简直忘了形，完全忘了注意周围会有什么危险，屡次从苇丛中跳起，将自己的身体暴露在农夫的视线里。

农夫悄悄藏好，用弓箭瞄准了老虎现身的地方，趁它又一次跃起，脱离了苇丛的隐蔽的时候，就一箭射过去，老虎立刻发出一声凄厉的叫声，扑倒在苇丛里。

农夫过去一看，老虎前胸插着箭，身下还枕着一只死獐子。

“螳螂捕蝉，黄雀在后”就是这个道理，这只老虎是悲哀的，它因为捕到了獐子万分高兴，便忽略了对周围环境的的觉察，以致自己已经成为了别人猎杀的目标都不知道，最后只能中箭而死。

古人云，轻诺必寡信。这不仅是一个主观上愿不愿意守信的问题，也是一个有无能力兑现的问题。自负者为了表明自己的能力超群，常常答应自己无力完成的事，当然会使别人一次又一次失望。

人生在世，要经历的东西太多太多，成功也好失败也罢，都没有必要过于执着，若是因为成功而得意忘形，使自己陷入不利位置，更是得不偿失了。有些人在苦苦打拼的时候，一步一个脚印，踏踏实实地向前走，虽然艰苦却很少出什么大的纰漏。而另外一些人成功了之后，却整日沉醉在无尽的喜悦中，忘记了继续努力，忘记了敌人的虎视眈眈，最终只能自取灭亡，这样的人成功得快失败得更快。

上帝阻挡骄傲的人，赐恩给谦卑的人，如果你也是一个爱骄傲的人，就从现在开始审视自己，改变自己，做一个谦逊的人，一个能够忍耐喜悦冲动、奋发向上的人。

当然，谦卑并不意味着活在别人的眼光中。如果你能掌握好自己的自信尺度，你就能拥有自己的生活态度而不被他人左右。即便有，那也只能证明对方嫉妒你，所以他自信不足，看不惯你自信满满的样子，对于这样的人，你不必去理会，他的心态太贫穷了，你绝对不需要计较或者感到抱歉，因为你现在所得是你努力争取的结果，你需要做的就是过好你自己的人生，向更高的高度去挑战。

可见，做人要信心十足，但不等同于自高自大、自我浮夸，只有抱着谦卑的态度，你才能不断进步！

尝试着热爱，才能努力向前

人生在世，要有一番成就，就必须要有目标，这是毋庸置疑的。正是因为这一点，现实生活中的很多人自己手头的工作毫不起眼，于是，他们总是渴望拥有一份更能发挥自己能力与价值的工作。但成功始于对不起眼的工作依然保持热忱，你必须热爱你的工作。热爱你的工作，你才会珍惜你的时间，把握每一个机会，调动所有的力量去争取出类拔萃的成绩。

詹姆斯·巴里说："快乐的秘密，不在于做你所爱的事，而在于爱你所做的事。"工作在我们的人生中占据了大部分最美好的时光。比尔·盖茨有句名言："每天早上醒来，一想到所从事的工作和所开发的技术将会给人类生活带来巨大的影响和变化，我就会无比兴奋和激动。"

苏格拉底说："不懂得工作真义的人，视工作为苦役。"这句话的含义是，工作是否能为我们带来快乐，取决于我们对工作的看法。因为快乐的秘密，不在于做你所爱的事，而在于爱你所做的事。当我们能做到为自己工作，为明天积累时，那么，你将拥有更大的挥洒汗水的空间，更多的实践和锻炼的机会，找到工作中的乐趣，能够让你在工作岗位上更主动更积极地处理各项事务，为自己不断开创新的工作机会和发展空间。

我们不妨先来看下面一个故事：

很久以前，在西方，有一个人在死后来到一个美妙的地方，这里能享受到一切他曾经没有享受过的东西，包括妙龄美女和美味佳肴，还有数不尽的仆人伺候他，他觉得这里就是天堂，可是在过了几天这样的生活后，他厌倦了，于是，对旁边的侍者说："我对这一切感到很厌烦，我需要做一些事情。你可以给我找一份工作做吗？

他没想到，他所得到的回答却是摇头："很抱歉，我的先生，这是我们这里唯一不能为您做的。这里没有工作可以给您。"

这个人非常沮丧，愤怒地挥动着手说："这真是太糟糕了！那我干脆就留在地狱好了！"

"您以为，您在什么地方呢？"那位侍者温和地说。

这则寓言故事是要告诉我们：失去工作就等于失去快乐。但是令人遗憾的是，有些人却要在失业之后，才能体会到这一点，这真不幸！

追求快乐固然没有错，但你要明白，只有踏实工作才是真正快乐的源泉。不可否认，浮躁的现象在很多人中普遍存在，具体表现在他们看不到劳动的真正价值，更做不到安心工作、心浮气躁，事情刚做到一半，就觉得前途渺茫、失去兴趣，于是，他们只能一事无成。

事实上，即使你现在感觉厌烦工作，仍坚持再做一些努力，忍辱负重、积极向前，这将导致人生发生根本大转变。

孙女士是一个典型的事业型女人，但同时，她又是个不喜欢喧闹的人。2003 年，她就开了一家自己的茶楼，很多朋友问她为什么做这行，她的回答是："我喜欢安静的氛围，听安静的音乐，安静地喝着茶，那么所有的生活、工作的压力也都不翼而飞了，所以我觉得开这个茶楼能让客人心神安宁吧。"

的确，开业至今，孙女士的茶楼在圈内已小有名气，黑白色调，纯正的法式风味，大厅里有一面偌大书墙，清淡的书香与法式气质融为一体。认识她的人都说，孙女士像极了她店内墙壁上所画的女子：安静、温柔、追求完美。

但她似乎又总是充满能量，总是不知疲劳地工作。

对孙女士来说，最快乐的事情是早上起来，出门之前看着儿子在楼下玩耍，因为她要到深夜才回家。"我希望客人在第一时间里就能感受到我们准备好的一切——干净的空气、新鲜的花、清澈的玻璃窗、没有味道的卫生间……”孙女人总喜欢亲自招呼客人，“我所做的全部都是站在客人的角度上，把自己当成一个客人去挑剔。”

无论在什么时候，孙女士都是一个工作狂：以前作为公司的部门经理，每天工作时间常常超过 8 小时，精力旺盛，喜欢挑战；自己做老板了，还事必躬亲。“我只要一工作就感觉非常满足”，孙女士说：“我觉得我是属于压力型的，压力越大工作越出色。”

故事中的孙女士为什么能拥有成功的事业？因为热爱！是这份热爱让她充满了能量。的确，在人生经营中，倘若劳动不能给我们带来至高无上的快乐，那么即使我们能通过其他方式获得，最终留给我们的结果也不过是不尽如人意的缺憾。而且，专心致志于工作所带来的果实，不仅有成就感，还可以为我们奠定做人的基础，锤炼我们的人格。

第9章

脚踏实地，这世界上的路没有捷径可走

生活中，人们都赞赏那些有伟大梦想、眼光长远的人，但很多人在憧憬未来时，难免有几分浮躁之气。有时候，当事情还没做到一半时，他们就认为自己已经大功告成，开始飘飘然了。爱因斯坦说：“人的价值蕴藏在人的才能之中。在天才和勤奋两者之间，我毫不迟疑地选择勤奋，她是几乎世界上一切成就的催产婆。”梦想的实现是一个过程，是将勤奋和努力融入每天的生活、工作和学习中，它没有捷径，它需要脚踏实地。

脚踏实地才是实现梦想的唯一途径

关于未来，可能我们很多人都有幻想，我们豪气万丈、为自己编织着美好的未来，或希望自己成为某个行业的精英，或拥有自己的事业等。树立理想是好事，它可以匡正你的言行，让你的努力都有一个明晰的主线，但无论如何，你千万要记住，只有脚踏实地才是实现梦想的唯一途径，对理想的憧憬，也千万别过了头。

如果你每天把大把的时间都花在了展望自己的未来中，而不制定实现梦想的计划，那么你的梦想也最终只会遥遥无期。

没有人可以在脱离行动之外就能收获成功，真正的喜悦也是来自实践过的经历。心理学家认为，当人们尝试着估计自己能从未来的经历中获得多大的乐趣时，他们已经错了。人生只有经历过，才能品味出真实的味道，也只有脚踏实地地看待生活，才会活出自己。

我们先来看一个年轻人的故事：

小陈是某名牌大学的经济系高材生，毕业前，他的梦想是考上国家公务员，如果不行，就考省里的，实在不行，市里的也行。这是他人生规划的一部分，他的梦想是在城里买个大房子，把父母接过来，然后在城里安家立业。然而，很多时候，现实与人的愿望就是相差甚远，参加这些考试，要么是成绩不理想，要么是面试没通过。曾经一度，小陈认为自己的人生就这么完了。

后来，小陈终于走出阴霾，考不上就去做别的，总有一条生存的路。于是，他开始找工作。他是个有抱负的人，他心想自己是个名牌大学的学生，能力也不比别人差，因此，一定要做出一番事业。终于，他投出的简历得到了回应。面试时，由于学历不错，长相谈吐也都大方自然，一些私企有意向录用他当文员或者秘书。“办公室里的好多人员学历不如我，能力也不如我，我觉得大材小用了。”所以，辗转了好几次类似这样的工作，他就是做不长。

就在不知道何去何从的时候，他的表哥请他去家里坐了坐。“他连小学都没毕业，如今却开着名车，还娶了城里漂亮媳妇。”小陈心里很不是滋味。

表哥告诉他：“其实，你应该感到幸福，你想想我，那时候，没有学历，没有背景，而你呢。有这么多人疼着你，还供你上了大学，长得一表人才，前途光明着呢，别丧气啊！人有时候就不能太较劲了，也不能急于求成，也不能把自己太当回事了。苦你得吃得，气你得受得。你哥我不就是盘子端过、碗洗过，被人骂过，一步一个脚印，脚踏实地走，才有了今天。”表哥的经历让小陈彻底明白了一个道理：要想成功，起点固然重要，但脚踏实地的努力更重要。

现在的小陈已经大学毕业两年了，最终明白了一个道理：找不到理想的工作，与其自暴自弃，怨天尤人，还不如踏踏实实，在一个自认为还有着足够兴趣的岗位上一步一个脚印走。于是后来，小陈开始平静下来，在省城一家四星级酒店找了工作，现在他已经是前台经理了。

生活中，可能有很多人都和小陈有着相同的经历，满腔热血却被现实浇灭，但扪心自问，问题却在自身，与其打着灯笼满世界找满意的工作，不如踏实下来，勤奋工作。要知道，没有伟大的意志力，就不可能有雄才大略。可能目前这份工作让你感到很沮丧，你觉得前途渺茫，但你真的做到了勤恳工作吗？既然没有，那么何不尝试一下呢？努力工作，你会发现，成长始终伴你左右！同样，生活中的人们，你也应该深知，要想实现梦想别无他法，只有脚踏实地。

其实，生活中，那些成功者往往是那些做“傻”事的笨人，输得最惨的也是那些聪明人，那些笨人深知自己不够聪明，所以他们努力学习、埋头苦干，最终他们如愿以偿了。而聪明人做事时则不肯下力气，总想着要小聪明，投机取巧，所以往往输得很惨，所以智慧和实干比起来，实干更加不可或缺。

现实不承认猜想，踏踏实实做事

我们都知道，梦想和目标对我们的行为有着深刻的指导意义，我们每个人都要有梦想，但同时你也应该做得踏实，因为现实不承认猜想。

伟大的哲学家卢梭曾说：“节制和劳动是人类的两个真正医生。”哲人也说：“所谓人生，归根到底，就是一瞬间持续的积累，如此而已。每一秒钟的积累成为今天这一天；每一天的积累成为一周、一月、一年，乃至人的一生。同时，伟大的事业乃是朴实、枯燥工作的积累，如此而已。那些让人惊奇的伟业，实际上，几乎都是极为普通的人兢兢业业、一步一步持续积累的结果。”而在现今的社会浪潮中，唯有踏踏实实干事，不浮躁、不轻狂的人，才能成就一番大事。这就好比一座建筑是由一砖一瓦砌成的，每一砖一瓦本身显得并不怎么重要，但是缺少了它们，高楼如何建起？同样的道理，成功者的一生都是由无数个看上去微不足道的小方面构成的。

事实上，每一个成功者都深知在追逐成功的过程中，沉下心来进入角色是非常重要的，越早进入就意味着越早地步入事业的轨道。每天都让自己成熟一些，浮躁之气自然会少下来。正如托马斯·爱迪生所言，成功中天分所占的比例不过只有 1%，剩下的 99% 都是勤奋和汗水。

同样，对于生活中的我们来说，也要树立踏实的态度。要想获取成功，就得付出坚强的心力和耐性。艾森豪威尔说："在这个世界，没有什么比'坚持'对成功的意义更大。"的确，世界上的事情就是这样，成功需要坚持。雄伟壮观的金字塔的建成正因为它凝结了无数人汗水的结晶。一个运动员要取得冠军，前提就是必须要坚持到最后，冲刺到最后一刻，如果有丝毫之松懈，就会前功尽弃，因为裁判员并不以运动员起跑时的速度来判定他的成绩和名次。

我们先来看下面一个真是的故事：

在日本的一家小工厂里，有一位工人，初中学历。

他的上司总是对他说："这事要这么做"，无论上司说什么，他总是一一记下，生怕漏了什么。每天，他的话都不多，总是埋着头在做他自己的事，双手沾黑，额头流汗。无论上司布置什么任务，他都日复一日，不厌其烦地认真完成。在工厂里他毫不显眼，一直默默无闻，但从无牢骚，也从无怨言，兢兢业业，孜孜不倦，持续从事着单纯而枯燥的工作。

20 年后，当他已经离职的老上司再看见他时，吃了一惊。当年那么默默无闻、只是踏踏实实从事单纯枯燥工作的人，居然当上了事业部长。令他惊奇的不仅是他的职位，而且言谈中他也体会到，这位工人已经是一个颇有人格魅力、很有见识的优秀的领导。

的确，这位工人看上去毫不起眼，只是认认真真、孜孜不倦、持续努力地工作。但正是这种坚持，使他从平凡变成了非凡，这就是坚持的力量，是踏实认真、不骄不躁、不懈努力的结果。

事实上，现实的生活对每个人都是一场综合的考验，不会对谁网开一面。在中国，先贤们也曾给过我们训示：要志存高远，坚信“王侯将相，宁有种乎”；也要踏实奋进，懂得“一屋不扫，何以扫天下”的道理。踏实做事、本色做人，这样我们每个人在社会的浪潮中都能很容易找到自己的位置，并更加顺利地践行自己的理想。为此，青少年朋友们，当理想和现实交织在一起的时候，你就应该能把握二者的关系了。

因此，我们每个人都要有踏实肯干的精神，从现在起，无论是做事还是学习，我们都要做到不腻烦、不焦躁，埋头苦干，不屈服于任何困难，坚持不懈；只要我们坚持这样做，就能造就优秀的人格，而且会让我们的人生开出美丽的鲜花，结出丰硕的果实。

每天进步一点点，离成功就更近一步

我们都知道，任何成果的获得都不是一朝一夕的事，都需要我们坚持不断地努力，每天进步一点，你的脚步就会离成功更近一点。尽管你现在认为自己离成功还遥遥无期，但你通过今天的努力，积蓄了明天勇攀高峰的力量。

每天进步一点点，看似没有冲天的气魄，没有诱人的硕果，没有轰动的声势，可事实上，却体现了学习过程中一种求真务实的态度。每天进步一点点，是实现完美人生的最佳路径。

哈佛大学的老师常在课堂上对学生说：“成功不是一蹴而就的，如果我们每天都能让自己进步一点点——哪怕是 1%的进步，那么还有什么能阻挡得了我们最终走向成功呢？”的确，无论是学习还是追求成功，水滴就能石穿，每天进步一点点，并不是很大的目标，也并不难实现。也许昨天，你通过努力学习获得了可喜的成绩，但今天的你必须学会超越，超越昨天的你，你才能更加进步，更加充实。人生的每一天都应该充满新鲜的东西。

生活中的人们，现在的你可能正在从事一项简单、烦琐的工作，你感受到了前所未有的压力，感受到自己的前途渺茫，但请你记住，这才是人生的精彩之处。反而，如果一个人，他的一生太幸运了，太安逸了，就远离了压力的考验，反而变得毫无追求，苍白暗淡。而当你无法摆脱压力时，就应该反复对自己说：“感谢生命之中的压力，这是生活对我的挑战和考验，这是上天催促我努力学习、积极工作、奋发向上的动力。”换个角度去看问题，改变态度，困难和压力也会很快减轻。只要你能看到持续的力量，就能最终战胜风雨的洗礼，看到雨后绚丽多彩的霓虹。

1985 年，在美国的职业篮球联赛中，洛杉矶湖人队队员们球技出色，拿下冠军本应是手到擒来的事，但在最后的决赛时，因为各个方面的原因，湖人队却输给了波士顿的凯尔特人队，这让所有的球员和教练派特·雷利感到十分沮丧。

派特·雷利是一名金牌教练，他不会眼看着这些球员们继续停留在沮丧中，为了鼓励大家重整旗鼓，他说：“从今天开始，我们能不能各个方面都进步一点点，罚篮进步一点点，传球进步一点点，抢断进步一点点，篮板进步一点点，远投进步一点点，每个方面都能进步一点点？”球员不假思索地答应了他的要求。

接下来，派特·雷利带领球员们进行了为期一年的训练，这一年内，所有球员始终抱着让自己“进步一点点”的精神，不断地提高自己的球技。

终于，就在第二年，也就是1986年的美国职业篮球联赛中，湖人队轻轻松松地夺得了冠军。

派特·雷利在庆功时，对所有球员们说：“我们今天之所以能成功，绝非偶然，当初，我说我们要做到每天进步一点点，是啊，我们一共有12位球员，有五个技术环节，每个环节我们进步1%，所以一个球员进步了5%，全队就进步了60%，在球技上处于巅峰的湖人队，提升了60%，甚至更高，所以我们获得出人意料的成绩是理所当然的。”

看完湖人队取得成功的故事，生活中的人们，你应该有所启示，只要你每天进步一点点就已经足够，“不进则退”，只要是在前进，无论前进多么小的一点都无妨，但一定要比昨天前进一点点。人生也必须每天持续小小的努力，才能有所成就。

人是善于学习和思考的动物，处于变化多端的社会中，唯一不让自己落伍的方式就是学习。只有学习，才能带来创新，才能更新我们的知识储备，才能以此适应更激烈的社会竞争。

因此，如果你哀叹自己没有能耐，只会认真地做事，那么，你应该为你的这种愚拙感到自豪。那些看起来平凡的、不起眼的工作，却能坚韧不拔地去做，坚持不懈地去做，这种持续的力量才是事业成功的最重要基石，才体现了人生的价值，才是真正的能力。

当然，在坚持的过程中，你可能也会遇到一些压力和困难，但我们要明白的是，任何危机下都存在着转机，只要我们抱着一颗感恩的心耐心等待，再坚持一下，也许转机就在下一秒。

深入钻研，才能取得傲人的成绩

我们都知道，将任何有意义的事情做好，是成功的预示。因为你比别人多付出，你在实际工作中也比别人想得更周到。成就绝非朝夕之功，凡事必须从小做起。我们需要记住的是：你不会一步登天，但你可以逐渐达到目标，一步又一步，一天又一天。别以为自己的步伐太小，无足轻重，重要的是每一步都踏得稳。所以，成功绝不是偶然的，成功者都懂得积累实力，因为只有深入地钻研，才有可能取得傲人的成绩。

20 世纪 80 年代，美国有一家著名的机械制造公司叫维斯卡亚公司，这家公司生产的产品远销全世界，因此，它实力雄厚，并代表着当今重型机械制造业的最高水平。“大公司门槛高”这句话是有道理的，很多毕业生都要向这家公司求职，但都被无情地拒绝，因为该公司的高技术人员爆满，不再需要各种高技术人才。但丰厚的待遇和令人羡慕的社会地位还是让很多人削尖了脑袋前来求职。

这群求职者里有个叫史蒂芬的人，他是哈佛大学机械制造业的高材生。和许多人的命运一样，他也在该公司每年一次的用人测试会上被拒绝。史蒂芬并没有死心，他发誓一定要进入维斯卡亚重型机械制造公司。于是，他决定先“混”进去这家公司再说。他先找到公司人事部负责人，提出可以无偿为这家公司提供劳动力，只要能让他在这家公司，哪怕不计报酬，并能完成公司安排给他的任何工作。这位负责人，起初觉得这简直不可思议，但考虑到不用任何花费，便也答应了，并安排他去车间扫废铁屑。

这份工作是没有报酬的，史蒂芬还得养活自己，于是，一年的时间，他白天在这家公司勤勤恳恳地工作，晚上还得去酒吧打工。

令史蒂芬失望的是，虽然他得到了所有同事和负责人的认同和好感，但公司却并没有提及正式录用他的事。但机会很快来了。那是20世纪90年代初，公司的许多订单纷纷被退回，理由均是产品质量问题，为此公司蒙受了巨大的损失。公司董事会为了挽救颓势，紧急召开会议商议对策。当会议进行很长时间却未见眉目时，史蒂芬果断地闯入会议室，提出要见总经理。

在会上，史蒂芬慷慨陈词，对公司出现这一问题的原因作了令人信服的解释，并且就工程技术上的问题提出了自己的看法，随后拿出了自己对产品的改造设计图。这个设计非常先进，恰到好处地保留了原来机械的优点，同时克服了已出现的弊病。总经理及董事会的董事见到这个编外清洁工如此精明在行，便询问了他的背景以及现状，而后，史蒂芬被聘为公司负责生产技术问题的副总经理。

原来，史蒂芬这是退而求其次的一种办法，当他被拒绝后，他想方设法留在这家公司，是为了更彻底地了解这家公司。于是，他在做清扫工时，利用清扫工到处走动的特点，细心察看了整个公司各部门的生产情况，并一一作了详细记录，发现了所存在的技术性问题并想出了解决的办法。为此，他花了近一年的时间搞设计，获得了大量的统计数据，为会上的出色表现奠定基础。

史蒂芬为什么能一举成功，让公司高层领导对其能力加以肯定并由一名小小的清洁工成功晋升为技术问题副总经理，原因很简单，他懂得厚积薄发，伺机而动，因为他做足了充分的准备工作，在该公司最需要自己的时候及时出现，以自己过硬的专业知识帮其解决了这项技术问题。我们设想一下，假如他空有为公司担当的勇气而没有一个完备的表现自己的计划，没有过硬的实力，那恐怕这种表现只会适得其反。

可见，在某一行业或者某个领域内做精、学精，远比涉猎众多领域来得更有效用，厚积才能薄发，我们每个人都要在自己的领域里沉淀下来，只有这样，你才有抓住机遇、一飞冲天的可能。

每天多做一点，成功早到一点

生活中，我们总能听到一些人会为自己的行为找借口：约会迟到了，会有“路上堵车”“手表停了”的借口；考试成绩不理想，会有试题太难、身体不舒服的借口。他们不把时间花在想方设法地提高做事效率上，而是把大量的时间和精力放在如何寻找一个更合适的借口上。那么，你有这样的弊病吗？如果你细心一点，你会发现，大凡成功的人，都有个共同的特点，那就是他们总是少说话、多做事，做事效率很高，也就是他们具有很强的执行力。一个人缺乏执行力，就不会有高效率，就赶不上竞争对手，被淘汰出局。

俗话说：“七分努力，三分机遇。”但偏偏有些人累死累活地干了一辈子，也没有出人头地。他们之中不乏有人具有精湛的技术、很强的个人能力，其中的重要原因是缺乏较强的执行力。我们来看看下面这个故事：

从前，有两个和尚，分别在两个不同的寺庙修行，而这两个寺庙，坐落在相邻的两个山。这两个和尚，每天早上都会见上一面。因为，在两山之间，有一条小溪，这两个和尚都会来挑水。

时间过得真快，眨眼间，这两个和尚都在各自的寺庙修行了五年，他们也挑了五年的水。

而突然有一天，左边这座山的和尚没有下山挑水，又过了一个星期，他还是没有下山挑水。右边这座山的和尚心想：“我的朋友怎么了，为什么不来挑水了？难道是生病了。我要过去探望他，看看能帮他做点什么。”

很快，右边这座山的和尚来到了他朋友的寺庙，但令他奇怪的是，他的朋友根本没生病，而是在神采奕奕地打太极拳。他好奇地问：“你已经一个月没有下山挑水了，难道你们不喝水吗？”左边这座山的和尚说：“来来来，我带你去看看。”

随即便带着右边那座山的和尚走到了庙的后院，指着一口井说：“这五年来，我每天挑完水、做完分内的工作后，都会抽空挖这口井。即使有时很忙，也能挖多少算多少。最后终于挖出了水。从那以后，我就不必再下山挑水了，也就可以有更多的时间钻研喜爱的太极拳了。”

这位懂得挖井的和尚，就是个智者，他不仅挖出了井，让自己不用再费力挑水，还能抽出时间钻研自己喜爱的太极拳。

这个故事同样告诉生活中的你们，高效率地做事，就必须要学会立即执行，而不是找借口拖延。

那么，生活中的人们，你该怎样高效地做事呢？你需要做到以下几点：

1. 你的人生要有一个明确的目标

有些人没有目标，整天糊涂度日，一生忙碌，但到头来一事无成，默默终生。人生不在于时间的长短，而在于生活质量的高低，如果你不甘平庸，就从现在开始，为自己制定个明确的目标，并为之努力吧！

在你最忙碌、感到疲惫的时候，你不妨看看周围的人，即使做着同样的工作、过着看似差不多的生活，但在十年、五年甚至更短的时间，大家的命运都有可能完全不同，因为在每个普通的外表下，都有可能隐藏着不同的梦想，人生因梦想而变得闪闪发光。为梦想而工作，即使顶着压力，背负辛苦，你也会感到快乐。

2. 为实现自己的目标，制订出切实可行的计划，来逐步达到目标

你若想成功，就要做到：一旦有了目标，就围绕目标，想方设法，积极行动，为早日实现自己的目标而奋斗不已。

3. 要有时间的紧迫感

一个人要想有所成就，就应当合理地安排时间，最大限度地提高时间的利用率。在成功的诸多因素中，天资、机遇、健康等等都重要，但把所有有利条件发挥出来的决定性因素，是利用好每一分每一秒的时间。

总之，人生苦短，只有区区数十年光阴，在这有限的时间内，如何使自己的人生走向辉煌呢？我们无法延长时间，但我们可以追求效率。

第10章

愿意吃苦，别在最能吃苦的年纪选择安逸

古人云：“艰难困苦，玉汝于成。”“苦其心志，劳其筋骨，饿其体肤，空乏其身。”这些名言是有道理的，逆境才能磨炼意志努力向前。任何人要想成功，就必须要吃苦，经过逆境中的磨炼。曾国藩说：“吾平生长进，全在受挫受辱之时，打掉门牙之时多矣，无一不和血一块吞下。”如果吃不了苦，就经不起挫折，忍受不了挫折带来的痛苦与失败，我们就将沉埋在毫无希望的生活里，永远没有前进的方向。因此，我们每个人都必须学会吃苦，在最能吃苦的年纪习得一身本事，才能充实自我，为获得成功打好基础。

学会吃点苦，艰难困苦，玉汝于成

任何人，要想成才、成功，不回避“艰难困苦”，方能“玉汝于成”。所以，在日常生活中，我们要学会吃苦，在必要的“穷”和“苦”中得到锤炼，懂得以艰苦奋斗为荣，以骄奢淫逸为耻，方才体会到靠自己的努力争取得来的快乐，也才懂得珍惜。

我们知道，历史上有名的“扶不起的阿斗”，其实，他的昏庸无能很大一部分就是因为缺乏锻炼的机会，闹下了“乐不思蜀”的笑柄。

刘备去世后，他的儿子刘禅顺利登基，成为新一代蜀国皇帝。刘禅有个小名叫阿斗，他是个昏晕无能的人。刘备死前，曾经将刘禅交给诸葛亮辅佐，因此，一段时间以内，蜀国还是没有什么问题，但诸葛亮等一些贤人死后，刘禅很快就被魏国俘虏了。

蜀汉被灭之后的一段时间内，刘禅都留在成都，后来，魏国司马昭觉得不妥，便把他转移到了洛阳。

刘禅到了洛阳，便被司马昭封为安乐公，并且，与他通行的蜀汉大臣也被封了侯。司马昭这样做，无非是为了笼络人心，稳住对蜀汉地区的统治。

但是在刘禅看来，却是很大的恩典了。

有一次，司马昭大摆酒宴，便邀请了刘禅以及以前蜀汉的旧臣，席间，司马昭叫来了一些歌女出演蜀国歌舞，众大臣纷纷有所感触，想起了自己的亡国痛苦，有的还流下泪来，但唯独刘禅，好像在自己的行宫一样毫不动容。

这一切，都被司马昭看在眼里，宴会后，他对贾充说："蜀国出现刘禅这样无能的君主实在可笑，没心没肺到这步田地！即使诸葛亮转世，也无力维持蜀汉的政权了。"

过了几天，司马昭在接见刘禅的时候，问刘禅说："您还想念蜀地吗？"

刘禅乐呵呵地回答说："这儿挺快活，我不想念蜀地。"

刘禅懦弱无能的弱点其实和诸葛亮有很大的关系，刘备在世时，诸葛亮便拥有一切大权，丝毫没有给刘禅任何锻炼的机会，刘备死后，阿斗十七岁正是长见识增才智的时候，而诸葛亮却包揽一切，阿斗仍然是"温室中的花朵"，诸葛亮一死，阿斗便六神无主了。

其实，之所以要强调不能丢下吃苦的这一品德，是为了对年轻人们意志品质进行磨砺、锻炼、培养。我们发现，那些功成名就的伟大人士，无不饱经了生活的苦难和精神的洗礼从而获得了意志和能力上的一种升华，而恰恰相反，那些衣食无忧、受人百般呵护的人或多或少都有些性格、品行甚至价值观上的缺陷。

香港特别行政区原首席行政长官董建华是世界船王董浩云的儿子。在香港，董浩云是首屈一指的大富豪，但在子女的教育上，他却一直很严格，从不娇惯孩子。

正因为父亲严格的教育，董建华从很小就很节俭，读书期间，他每天都会乘坐公交车往返于家和学校之间，从不会因为自己是富豪的儿子而觉得高人一等。

毕业以后，所有人都会以为他会接手父亲的生意，但大家没想到，他会接受父亲的安排，进入了美国通用汽车做了一个普通的职员。

父亲告诉董建华："小华，我不怀疑你是个有理想的人，但我担心你的刻苦精神不够，你不要想到自己有依靠，你必须自己主动去找苦吃，磨炼自己的意志，接受生活对你的种种挑战，并战胜它。"

董建华听从了父亲的话，在通用的四年，他认认真真、勤勤恳恳，不仅学习了先进的管理经验，还学会了怎么与人打交道，也培养了吃苦耐劳的精神，为今后的事业打下了坚实的基础。

的确，现实生活中，一些年轻人不愿吃苦，是和他们的生活环境与家庭教育有关系的。年轻人要想从吃苦耐劳的过程中有所收获，就应该将吃苦融入到日常生活中，无论在生活上工作还是学习上，多吃点苦，凡事靠自己，会对你有所帮助的。

的确，走向社会是每个人必将经历的人生课题，参加社会实践，能让我们在成长道路上既开拓视野，又增长智慧，最重要的是，能通过亲身感知社会现实状况，从而珍惜现在的生活，在吃苦中逐渐独立起来，形成良好的品质和人格。

当然，你并不需要在生活中刻意让自己受苦，吃苦是一种心理承受力。人在艰苦的环境中，战胜的不是环境，而是自己。"逼"自己去吃苦，忍耐力就会降到最低点，不仅不能磨炼自己的意志，还会产生受挫意识。

与其抱怨现状，不如寻求改变

生活中，我们常常听到一些人抱怨"哎！每天都在重复这些工作，真是浪费生命！”“为什么每次都让我去处理这些事看！”“什么时候才能给我涨点工资呢”……他们对工作似乎一点也不满意。而实际上，你在抱怨不满时，应该适当地反省，为什么自己会有这样那样的不满？是不是因为自己做得不够好？从这些方面来说，其实抱怨也可以作为一个加速器，加速自己的成功。只要你能够通过抱怨看到自己的缺点，你就会进步。

同样，处于某种环境下的人们，当你因为抱怨环境太糟糕而一味地拖延的时候，为何不选择通过立即行动来改变自己呢？为何抱怨工作环境不好、薪水不高、老板不够和蔼呢？为何不反思自己是否做的已经到位、是否有着高效的执行力呢？

我们先来看下面一个故事：

在美国的一所小学里，有这样一个班级，这个班级的学生比较特别，他们一共有 26 个人，都是失足的孩子，他们有的进过少管所，有的吸过毒，总是是让老师和家长失望透顶。

在这个班级成立后，一位叫菲拉的女老师接手了。在她给学生们上的第一节上，她并没有如人们想象的那样整顿班级纪律，而是在黑板上给孩子们出了一道选择题。让孩子们根据自己的判断选出一位在后来能够造福于人类的人。她列出 3 个候选人：

A 笃信巫医，他有多年的吸烟史，嗜酒如命，还有两个情妇；

B 有正经工作，但却不珍惜，每天睡到中午才起床，钟爱酒精，每天都要喝一斤多的酒，还吸食过鸦片；

C 曾有过辉煌的历史：是国家的战斗英雄，不吸烟喝酒、坚持食素，从不违法。

结果大家都选择 C。

菲拉公布答案，A 是富兰克林 · 罗斯福，连续担任过四届美国总统；B

是温斯顿·邱吉尔，英国历史上最著名的首相；C是阿道夫·希特勒，法西斯恶魔。

孩子们看呆了，不明白为什么结果会是这样，接下来，菲拉满怀激情地告诉大家：

“孩子们，一个人，无论他的过去是荣誉还是耻辱，那只能代表过去，最重要的是他的现在和将来，只要你从现在开始决定做你想成为的人并为之努力，你就能成为一个了不起的人。”

菲拉的这番话，改变了这26个孩子一生的命运。其中，就有今天华尔街最年轻的基金经理人——罗伯特·哈里森！

的确，菲拉教师的话是正确的，过去的生活，不管如何辉煌或是暗淡，都随着时光如流水般逝去。要知道，羁绊于过去，是很难洒脱地走向美好的明天的。一个人，只有学会放下对环境的坏情绪，适应环境，才能有意识地改变自己，最终改变命运。

在现代企业里，总是有一些人对待工作抱有消极倦怠的态度，对待工作内容总是能拖就拖，要问到为何不积极工作，他会反驳：“底层员工，就这么点薪水，没热情努力工作。”那么，既然如此，为何不努力工作、成为你羡慕的高层管理者？再比如，一些人抱怨自己经济能力差所以没有去找女朋友，那么为何不努力改善经济状况？其实，归根结底我们还是要记住一句话：你改变不了环境，但你可以改变自己；你改变不了事实，但你可以改变态度。

当然，勇于尝试需要人们有一种开拓进取的精神，鲁迅先生曾经说过，其实地上本没有路，走的人多了，也便成了路。所以他十分赞赏“第一个吃螃蟹的人”，那些在人类前进道路上披荆斩棘的人。

有两个都想过富裕生活的人，其中一位是学富五车的教授，另一位是目不识丁的文盲，两个人是邻居，为了共同的目标经常一起聊天。每次，教授都滔滔不绝地讲他的致富理论，各种办法层出不穷；那位文盲也不多说，只是认真地听，并且不停地照教授的办法去行动。

过了几年，文盲当真成为了百万富翁，教授却还是原地踏步，只是没忘了继续他的高谈阔论。

这个故事同样说明：坐而言不如起而行。一个人，只有立即行动起来，才能真正创造价值，继而持续行动，获得成功。

总之，任何不满意当前状态的人都必须要懂得：多改变自己，少埋怨环境。正如一句名言所说的"如果你认为你处在恶劣的环境中，那么请好好地修炼，练好内功，等待爆发的日子。"

逼自己一把，别总想着留退路

有人说，只有一条路可走的人往往是最容易成功的。也许一些人会产生疑问：这是为什么？因为别无选择，所以才会倾尽全力朝目标冲刺。有时只有斩断自己的退路，才能把不可能变成可能。生活中的你，如果你希望自己能闯出自己的一片天，就别总为自己留退路。

美国杰出的心理学家詹姆斯的研究表明：一个没有受逼迫和激励的人仅能发挥出潜能的 20% ~ 30%，而当他受到逼迫和激励时，其能力可以发挥 80% ~ 90%。许多有识之士不但在逆境中敢于背水一战，即使在一帆风顺时，也用切断后路的强烈刺激，使自己在通向成功的路上立起一块块胜利的路标。

人在绝境或没有退路的时候，最容易产生爆发力，展示出非凡的潜能。任何一个成功者都具有非凡的毅力，如果你想在最恶劣、最不利的情况下取胜，最好把所有可能退却的道路切断，有意识地把自己逼入绝境，只有这样才能保持必胜的决心，用强烈的刺激唤起那敢于超越一切的潜能。

有一个乡下人在山里打柴时，拾到一只很小的样子怪怪的鸟，他就把这只怪鸟带回家给儿子玩耍。后来人们发现那只怪鸟竟是一只鹰。时间久了，村里的人们对于这种鹰鸡同处的状况越来越害怕，人们一致强烈要求：要么杀了那只鹰，要么将它放生。这一家人自然舍不得杀它，他们决定将鹰放生，让它回归大自然。然而他们用了许多办法都无法奏效。后来村里的一位老人说：把鹰交给我吧，我会让它重返蓝天，永远不再回来。老人将鹰带到附近一个最陡峭的悬崖绝壁旁，然后将鹰狠狠向悬崖下的深涧扔去，如扔一块石头。那只鹰开始也如石头般向下坠去，然而快要到涧底时它终于展开双翅托住了身体，开始缓缓滑翔，然后轻轻拍了拍翅膀，飞向蔚蓝的天空，它越飞越自由舒展，越飞动作越漂亮，这才叫真正的翱翔，蓝天才是它真正的家园啊！

记得一篇文章中有着这样一段话：当面对一堵很难攀越的高墙时，不妨把你的帽子扔过去，然后你就不得不想尽一切办法翻过高墙去了。“把自己的帽子扔过墙去”，这就意味着你别无选择，为了找回自己的帽子，你必须翻过这堵围墙，毫无退路可言，这就是给自己施加压力，让自己永远不要有退缩的念头，去战胜困难，争取成功。

生活中，有一些人，他们在开始做事的时候往往给自己留着一条后路，作为遭遇困难时的退路，这样怎么能够成就伟大的事业呢？破釜沉舟，才能决战制胜。

恺撒是一位出色的军事将领。有一次，他奉命率领舰队前去征服英伦诸岛。出发前他检阅舰队，才发现严重的问题。随船远征的军队人数少得可怜，而且武装配备也残破不堪，以这样的军力去征服骁勇善战的盎格鲁－

萨克逊人，无异于以卵击石。

但军令如山，恺撒决定背水一战。舰队到达目的地之后，恺撒等所有士兵全数下船后，立即命令部属一把火将所有战舰烧毁。同时，他召集全体战士，明确地告诉他们：战船已全部烧毁，大伙儿只有两种选择。一是勉强应战，如果打不过勇猛的敌人，后退无路，只得被赶入海中喂鱼；二是奋勇向前，攻下该岛，则人人皆有活命的机会。求生是人的本能，士兵们人人抱定必胜的信念，终于攻克强敌，以弱制强。恺撒也因为这次成功的战役而备受重视，直到日后掌握大权。

生活中的我们，无论做什么事，必须具有绝无退路的决心，勇往直前，遇到任何困难、障碍都不能后退。如果意志不坚，随时准备知难而退，那就很难有成功的一日。

然而，我们不得不承认的是，谁能舍得放弃现有的东西呢？谁又能舍弃舒适平稳的生活呢？但你需要记住的是，你应该志存高远，想让你的人生更辉煌，就必须懂得在关键时刻把自己带到人生的悬崖，给自己一个悬崖其实就是给自己一片蔚蓝的天空。

很多人往往在一开始就为自己想好了失败之后的退路，这样的人永远都不会有什么成功，只会与目标渐行渐远。所有的成功者都必定有着坚定的信心。信心犹如人生路上的加油站，为你最终达到目标提供源源不断的能量。

人生没有退路，你才会更加努力地探寻出路。退路就是在为不成功找借口，在经历失败后，它就成了堂而皇之的退缩理由。当你为自己留出后路时，你就在失败上投下一枚筹码，你的信心就已经削减了一半。

总得来说，我们斩断自己的退路才能更好地赢得出路。如果我们要前行，就不要顾着退路。在关键时刻，有破釜沉舟的勇气者，才能给自己创造一个冲向成功高峰的机会。

咬咬牙，人生没有过不去的坎儿

谁都希望人生路上一帆风顺，都希望获得命运的垂青、一举成功，但没有人能随随便便成功，这条路也并不是那么好走，需要每个人经受各种考验，其中就有失败。但勇敢的人从不会被失败打倒，而是把失败当成成功的垫脚石，从失败中崛起。在困境中，他们会告诉自己，咬咬牙，忍一忍就过去了。我们不畏惧风雨，不怕挫折，不惧坎坷，所以最后他们成功了。

所以，我们需要明白的是，人生之所以有失败，是因为你要突破要挑战。身陷绝境，就不要诅咒。失败是你错误想法的结束，也是你选择正确做法的开始。你不在绝境中发迹，就在绝境中沦落。处在绝望境地的奋斗，最能启发人潜伏着的内在力量；没有这种奋斗，便永远不会发现真正的力量。

当然，坚持不是原地踏步，它是在逆流中向前，是顶着压力向上，它是积极地争取，而不是无奈地等待……你也许正在黑暗的夜色中摸索，但紧接着到来的不就是光明的早晨吗？坚持是一个过程，往往还是一个漫长的过程。只有保持一种坚韧不拔、百折不挠的执着和顽强，保持足够的耐心和毅力，才有可能走完这个过程。

1952 年 7 月 4 日的清晨，浓浓大雾笼罩整个海岸，一位 34 岁的妇女，从海岸以西 21 英里的卡塔林纳岛上涉水下到太平洋中，开始向加州海岸游过去。这次，如果她成功了，她就是第一个游过这个海峡的妇女，这名妇女叫费罗伦丝·查德威克。

在此之前，她是从英法两边海岸游过英吉利海峡的第一个妇女。当时，雾很大，海水冻得她身体发抖，她几乎看不到护送她的船。时间慢慢前行，千千万万的人在电视上看着。在以往这类渡游中，她最大的困难不是疲劳，而是冰凉刺骨的水温。15 个钟头之后，她浑身冻得发麻又很累。她感觉自己不能再游了，就叫人把她拉上船。

在另一条船上，她的母亲和教练都告诉她海岸已经很近了，叫她不要放弃。但她朝加州海岸望去，除了浓雾什么也看不到。几十分钟之后，人们将她拉上船。又过了几个钟头，她渐渐暖和了，这时她回忆起自己渡游的经历。她不假思索地对记者说："说实在的，我不是为自己推脱，如果当时我看见陆地，我能坚持下来。"人们拉她上船的地点，离加州海岸只有半英里！

后来她说，令她半途而废的既不是疲劳，也不是寒冷，而是因为她在浓雾中看不到目标。查德威克小姐一生就只有这一次没有坚持到底。两个月后的一天，她成功地游过了这个海峡。她不但是第一位游过卡塔林纳海峡的女性，而且她以超出两个钟头的成绩打破了男子纪录。

这一故事中的女主人公查德威克的确是个游泳好手。为什么第一次她没有游过卡塔林纳海峡，这正如她说的，因为她看不到目标，看不到终点，最终她放弃了。而在第二次的尝试过程中，她能游过同一海峡，是因为她鼓起了勇气。

在你生命的过程中，不论是爱情、事业、学问等，你勇往直前，到后来竟然发现那是一条绝路，没法走下去了，山穷水尽悲哀失落的心境难免出现。此时不妨往旁边或回头看看，也许有别的通路；即使根本没有路可走了，向天空看吧！虽然身体在绝境中，但是心还可以畅游太空，体会宽广深远的人生境界，再也不会觉得自己穷途末路。

然而，我们也知道，无论做什么事，都有可能遇到困难，在困难面前，大部分人会选择放弃，而只有少数人还能坚持到最后，原因是因为在困难面前懂得自我调整，他们坚定地相信自己坚持下去就一定会取得最后的成功，而大多数人却因为暂时的困难和挫折蒙蔽了自己看到希望的眼睛！

奥斯特洛夫斯基说得好："人的生命似洪水在奔腾，不遇着岛屿和暗礁，难以激起美丽的浪花。"如果你在失败面前勇敢进攻，那么人生就会是一个缤纷多彩的世界。也正如巴尔扎克的比喻："挫折就像一块石头，对弱者来说是绊脚石，使你停步不前，对强者来说却是垫脚石，它会让你站得更高。"

所以，如果你已经成功了，你要由衷感谢的不是你的顺境，而是你的绝境。当你陷入绝境时，就证明你已经得到了上天的垂爱，将获得一次改变命运的机会。如果你已经走出了绝境，回首再看看，你会发现，自己要比想象的要伟大，要坚强，要聪明。

第11章

养成优秀的习惯，坚持下去，成功便能指日可待

曾有人说，成功是一种习惯的坚持，的确，我们发现，成功者之所以成功，是因为他们养成了一些好的习惯，比如，坚持学习和读书、勤奋、慎思、坚韧不拔等。那么，如何养成这样好的习惯呢？根据西方人文科学家研究，一个习惯的培养平均需要21天左右，只要我们认真去做，就等于说我们吃了21天的苦，却得到了一辈子的甜。还有专家说："养成习惯的过程虽然是痛苦的，但一个好习惯的养成，将是我们终生的财富。"因此，暂时的痛苦，又算得了什么？因此，我们每个人都应该对自己狠一点，只要坚持下去，一旦养成成功者必备的习惯，成功也就指日可待了。

当你拥有优秀这一习惯，你就成功了

我们的现实生活中，相信每个人都有自己的理想，并渴望成功，而最终能成功的人只不过是极少数，而大多数只能与成功无缘，他们不能成功是因为他们往往空有大志却不肯低下头、弯下腰，不肯静下心来努力学习、从身边的本职工作开始积聚自己的力量。要知道，只有一步一个脚印，踏实、不浮躁地学习，才能为成为一个优秀的人，但你把优秀当成一种习惯后，你也就离成功不远了。

事实上，当今社会更是一个需要人们不断学习的社会，知识的更新速度越来越快，曾有人说，“知识的半衰期仅为 5 年”，也就是 5 年之内，掌握的知识就有一半过时。这句话无疑警示所有的人，要想在当今社会生存并发展下去，我们必须要不断地学习和充实自己，不断地更新自己的知识结构，继而成为一个优秀的人，否则，我们只能被时代所淘汰。

然而，任何一个习惯一旦养成，它就是自动化的，如果你不去做反而会感觉很难受，只有做了才会感觉很舒服。因此，关于好习惯的培养，你不妨给自己订一个计划，然后用日程本记下自己执行计划的过程。那么，

21 天后，你将养成好习惯，坚持 21 天，你就会成功。坚持 21 天，就能改变你的意识，影响你的形为，为你带来超乎想像的成功。你又何乐而不为呢？

那么，生活中的人们，你该怎样主动去培养哪些成功的习惯呢？

1. 多阅读、积累知识

除了你学习的书本知识外，你还应多阅读课外书籍，多读书最大的好处可以增长知识，陶冶性情，修养身心。

2. 变懒惰为勤奋

从古至今，我们发现，任何一个能做到 99% 勤奋的人最终都会取得成功。李嘉诚就是最好的例子。

有位记者曾问亚洲首富李嘉诚：“李先生，您成功靠什么？”李嘉诚毫不犹豫地回答：“靠学习，不断地学习。”不断地学习知识，是李嘉诚成功的奥秘！

李嘉诚勤于自学，在任何情况下都不忘记读书。青年时打工期间，他坚持“抢学”，创业期间坚持“抢学”，经营自己的“商业王国”期间，仍孜孜不倦地学习。李嘉诚一天工作十多个小时，仍然坚持学英语。早在办塑料厂时就专门聘请一位私人教师每天早晨 7 点 30 分上课，上完课再去上班，天天如此。当年，懂英文的华人在香港社会是“稀有动物”。懂得英文，使李嘉诚可以直接飞往英美，参加各种展销会，谈生意可直接与外籍投资顾问、银行的高层打交道。如今，李嘉诚已年逾古稀，仍爱书如命，坚持不断地读书学习。

一个人不可能随随便便成功，李嘉诚向每个渴望成功的人展示了这个道理。可能你会惊羡于李嘉诚式的成功，但却做不到李嘉诚式的努力与勤奋。那么，你不妨问问自己：我做到 99% 的勤奋了吗？如果你的回答是否定的，那么你就知道症结所在了。也许，有些人会说，我不够聪明。而实际上，即使智慧，也源于勤奋。没有人能只依靠天分成功。自身的缺点并不可怕，可怕的是缺少勤奋的精神。勤奋面前，再艰巨的任务都可以完成，再坚定的山也都会被“移走”。滴水能把石穿透，万事功到自然成。唯有勤劳才是永不枯竭的财源。

3. 主动探求知识

可能你觉得现在的你已经具备了很多知识，但事实真的如此吗？再退一步讲，人生的知识并不是书本上的，你真的对周围生活和自然以及各个方面都了如指掌吗？如果你觉得自己什么都懂，你多半不会是一个谦虚的人，实际上，越是知识渊博的人越是发现自己知道的少，培养好奇心也可以达到同样的效果，越是充满好奇越是对未知充满敬畏，也就越谦虚。

4. 勇于创新

骄傲自满，你将很快就被超越。而只有进步才能获得更强的竞争力。然而，没有创新就不可能进步。因此，你应该将自己的求知欲望和求知兴趣激发出来，鼓励自己多参与动脑、动手、动眼、动口，使其善于发现问题，提出问题，并尝试用自己的思路去解决问题。

5. 要有坚定的决心和持之以恒的毅力

这是老生常谈的话题，但依然重要。那么，如何做到中途不放弃？你要有良好的心态，乐观的精神和自信心。很多人选择目标后又中途放弃，就是因为觉得坚持这么久，没有成果，觉得自己学的没有用。其实，条条大路通罗马，既然选择了自己的路，就要毫不犹豫地走，一直在原地徘徊，犹豫不决，不知是否该前进，只能让时间白白溜走而已。

当然，任何习惯的改变和形成，都是艰难的，但只要我们经历一段时间，一旦习惯形成后，它就会成为一种自动化的、下意识的行为反应了。

蜕变来自于点滴的积累

俗话说：“台上一分钟，台下十年功。”有可能在台上表演的时间只有短短的一分钟，但为了台上这一分钟的表演时间，许多人却要为此付出十年的艰辛努力，甚至需要付出更长时间的努力。同样，在这个世界，没有任何一个人能随随便便成功，因为罗马城也不是一天就建成的，蜕变来自于长时间的积累。即使有一步登天的奇迹，以及一蹴而就的成功，那也是经历了上百次的尝试，才铸就了这样短暂的光辉。

做每一件事就好像建城一样，你要想把它建成、建好，你就必须付出超出常人的代价和心血。我们应该记住，通往成功的道路从来都不会是一条风和日丽的坦途，人生必须渡过逆流才能走向更高的层次，最重要的是在这个过程中学会忍耐，蓄积待发，最终一举成功。

下面一个简单的故事，却蕴含了一个深刻的道理，它告诉我们——坚持在追求梦想的过程中是多么重要。

有奥运史上的第一个世界冠军之称的康纳利曾于 1895 被哈佛大学录取，专业是古典文学，而在当时，他已经是全美三级跳远冠军了。

那一届的奥运会在雅典举行，康纳利听说后准备向学校请 8 周假，以此来参加，但学校拒绝了他的要求，然而，康纳利坚持了自己的决定，他想一试身手，于是，他毅然离开了哈佛，自己争取到了参加奥运会的资格，成为了美国代表团 11 个成员之一。

同行的参赛队员都是免费参加比赛的，但康纳利是个贫穷的学生，他哪有这样的待遇，他这次参赛是在一家很小的体育协会的赞助下进行的，由于资金紧张，他花掉了自己仅有的 700 美元的积蓄，才登上了德国德福达号货船。

然而，就在出发前的两天，他的后背突然受伤了，他差点绝望，但庆幸的是，从纽约到那不勒斯的航行过程中，他的伤竟然痊愈了。但刚刚下船，康纳利的钱包又被偷走了，这还不算最糟糕的，由于时差关系，希腊和西方的日历不同，就在他们到达的第二天就需要进行比赛，本来他们以为比赛会在12天之后举行。而更糟糕的是，康纳利从小所练习的是单足跳、跨步、起跳，而奥运会三级跳远项目的起跳要求是单足跳、单足跳、起跳。

1895年4月6日下午，三级跳远比赛开始了。在别的运动员跳完之后，康纳利最后一个出场了。他走到沙坑前面，把自己的帽子扔到了一个别的运动员跳不到的位置上，大声叫喊着："我要跳到帽子那里去。"他在跑道上加速，按照新的规则，先两个单足跳，然后起跳，最后落在了比他的帽子更远的地方，跳出了13.71米的好成绩，成为现代奥运会上的第一个冠军。后来，康纳利也与哈佛大学达成和解，并获得了博士学位。

或许，大多数人所知道的信息是"1896年4月6日，来自美国哈佛大学的大学生詹姆斯·康纳利成为了奥运史上的第一个世界冠军"。这只是我们所知道的表面的成功的信息，却不知其背后的艰辛，且不说康纳利在去参加比赛之前所遇到的糟糕情况，我们只是说康纳利从小就开始练习跳远，但直到上了大学之后，才有幸参加了奥运会，因此才展露了自己的才华，这其中忍耐的时间有多长呢，但康纳利都忍受了过来，并且一直没有放弃，最终修建了属于自己的罗马城。

生活中，做任何事情都需要一个过程，一点点的累积。如果你放松了平日的努力，只靠临时抱佛脚，那注定将是失败。有时候，在平日中不断努力却没有得到回报的人们，心里总是抱怨：为什么上天不公平呢？其实，上帝给予我们的都是公平的，如果你还没有得到回报，那只是因为还没到时机，因为时间就是最好的见证者，它见证了你一点点的努力，它也将见证你最终的成功。

哲人说：“成功者大都起始于不好的环境并经历许多令人心碎的挣扎和奋斗。他们生命的转折点通常都是在危急时刻才降临。经历了这些沧桑之后，他们才具有了更健全的人格和更强大的力量。”一个人若是不付出，不努力，就梦想着成功，那根本就是做白日梦，时间不会给予你任何东西，只会给你的人生留下一段空白。生活就是这样，你需要付出，才能有所收获，而这样的付出是不间断的，一旦你放弃了，那你即将获得的成功也会随之不见。在更多的时候，你的付出与收获是成正比的，你付出的汗水和艰辛越多，你收获的东西也将越多。相反，如果你一点都不想付出，只想坐等成功，那是根本不可能的，你等来的终究是一场空。

对自己狠一些，方能改掉那些恶习

一种行为习惯，是人们成长过程中，在很长一段时间内逐渐形成的一种行为倾向。从某种意义上说，“习惯是人生最大的指导”。世界著名心理学家威廉·詹姆士这么说的：

“播下一个行动，收获一种习惯；

播下一种习惯，收获一种性格；

播下一种性格，收获一种命运！”

可见，好的习惯是十分重要的，它可以让人的一生发生重大变化。满身恶习的人，是成不了大气候的，唯有有好习惯的人，才能实现自己的远大目标。这就告诉所有正在成长阶段的男孩们，你若想拥有一个成功的人生，就必须改掉当下存在的一些坏习惯。

我们著名教育家叶圣陶先生也认为，要养成某种好习惯，要随时随地加以注意，身体力行、躬行实践，才能“习惯成自然”，收到相当的效果。因此，在日常生活中，我们也要注意自己的言行习惯，“行成于思毁于随”，良好习惯形成的过程，是严格训练、反复强化的结果。

苏格拉底门下有很多学生，他经常带领这些学生四处游历、饱览名山大川。几年下来，这些学生都学到不少知识，有些还成为满腹经纶的学者，为此，苏格拉底感到很欣慰。这些学生自己也认为自己可以顺利“毕业”了。

一天，苏格拉底带领这些学生来到一片旷野上，他让大家在草地上围坐在一起，然后对他们说：“现在，你们已经个个都是饱学之士了，你们也马上可以从我这儿毕业了，但最后一次，我再问你们一个问题。”毕业前，老师问的问题当然很重要了，学生们一个个竖起了耳朵，想听听老师会问什么问题。

“我们现在坐在什么地方？”苏格拉底问他们。

学生们回答道：“旷野。”

苏格拉底又问：“这里长了什么？”

学生们答曰：“草。”

苏格拉底说：“是的，你们都回答对了问题，这里长满了草，那么，接下来，我要问的是，你们要用什么办法，才能清除掉这些杂草？”

这是哲学问题吗？一向严谨的老师，怎么会问这么简单的问题？拔出杂草明明是农民才应该需要思考的问题。学生们都对苏格拉底的问题感到很好奇，但他们还是按照自己的想法一一作答。

“这个问题太简单了，用手拔掉就行了吧。”一个学生抢先开口。

另一个学生答道：“用镰刀割掉，那样会省力些。”

第三个学生回答得更为干脆：“用火烧更彻底。”

苏格拉底从草地上站起来，清了清嗓子，然后说：“同学们，现在你们就按照自己的方法，划定一片区域，将各自区域的杂草清除掉，明年，我们再来看看自己的战果，看看谁的方法更有效。”

约定的时间到了，一年后，所有的学生都齐聚在这片曾经长满杂草的地方。令他们高兴的是，这里再不是杂草丛生，但却依然有很多参差不齐的杂草在风中摇摆。然后，苏格拉底带领他们到了另外一块地方，这里不是学生们除草的范围，这里没有杂草，而是长满了茂盛的麦苗，学生们凑近一看，看到了一块木牌，那是苏格拉底的笔迹，上面写着：“要想除掉旷野里的杂草，方法只有一种，那就是在上面种上庄稼。”

学生们恍然大悟。

用麦苗根除杂草是一种智慧。我们在培养习惯时，是否可从苏格拉底那里领悟借鉴呢！好习惯多了，坏习惯自然就少了。

那么，阻碍我们成功的恶习有哪些呢？

1. 自制力不强

这是一个循序渐进的过程，因为自制力的形成不是一蹴而就的，也不是下了决心就能获得的，这是一个长期的过程。请记住，循序渐进，有利于培养自己的自信心，并且不会给自己造成过大的心理压力，从而能轻松地锻炼自制力！

2. 准备不足

一些人在尝试中失败了，并不是因为他们缺乏勇气，而是因为准备不足。因此，从现在起，无论你对自己的评估如何，都不要掉以轻心了。

3. 不能坚持到底

你也想努力做一件事，比如，钻研某件乐器，搞好学习等，但往往使你最终不能成功的原因是因为你的中途退缩。如果你不能在青春期就克服这一坏习惯，那么它会影响到你的一生。

4. 不吸取教训

成功者之所以成功，并不是因为他们杜绝了所有的错误，而是因为他们能从错误中吸取教训，不断改正错误；而同样，失败者之所以失败，是因为他们常常重复错误。的确，很多时候，从错误中学到的东西常比成功教我们的更多，犯了错却不吸取教训，白白放弃如此宝贵的受教育机会实在可惜。

总之，习惯的养成，并非一朝一夕之事；而要想改正某种不良习惯，也常常需要一段时间。根据专家的研究发现，21 天以上的重复会形成习惯，90 天的重复会形成稳定的习惯。所以一个观念如果被别人或者是自己验证了 21 次以上，它一定会变成你的信念。

坚持下去，成功便指日可待

每当下雨的时候，天上的雨水降落下来，滴在屋檐上，那水珠就顺着瓦檐流下来，好像珠子串成的帘子一样，而水珠滴落的地方，经过这样长年累月地击打那坚硬的石头竟然出现一些小坑洼。那是多么神奇的力量，柔弱的水珠，竟然可以将石头滴穿！其实，不要为此感到惊讶，因为这就是“滴水穿石”的真实现象。大自然的这些神奇力量一样可以引申到我们生活中，在生活中，如果将那些可以忽略不计的力量一点点凝聚起来，该是多么大的力量。不论是做人还是做事，我们都需要坚信水滴石穿的真理，接受时间的打磨，终有一天，我们能够顺利地采摘成功的果实。

的确，任何一个能真正成大事的人，必定是内心坚韧的人。我们只要有坚韧的品质，就能忍耐一切，那么即便遇到痛苦和灾难，我们也不会熄灭内心的梦想之火，最终我们会看到明日的成功。

然而，如果你怀着消极的心态去生活，不仅对成功没有半点促进作用，而且还会阻碍自己前进的脚步。对此，不少成功者曾说，做事切记要有长性，不懂得坚持，正是一些人一生平庸的根源。

人生旅途上沼泽遍布，荆棘丛生。也许会山重水复，也许会步履蹒跚，也许，我们需要在黑暗中摸索很长时间，才能找寻到光明……但这些都算不了什么，任何人，只有你做到不放弃，知道自己要什么，该干什么，那么就应该勇敢地去敲那一扇扇机会之门。

被人们誉为“文学之父”的杰克·伦敦小学毕业后，就进了一家罐头厂当童工，每天在艰苦的条件下工作十八九个小时，直到深夜才拖着疲劳不堪的身子回家。17 岁时，他又受雇到一条小帆船上当水手，不久，他因为“无业游荡”被捕入狱当苦工。

出狱后，杰克·伦敦刻苦自学。20 岁时，靠自修考上了加利福尼亚大学，可是，只读了一个学期，便因缴纳不起学费退学。失学后，他一面在洗衣店做工，一边开始业余写作，希望用稿费来弥补家用。

后来，杰克·伦敦又随众人到遥远的阿拉斯加去当淘金工人，由于缺乏营养，劳累过度患了坏血病，几乎使他下肢瘫痪。但是，苦难的刺激与磨炼，使杰克·伦敦成为一个具有特殊气质的作家。成为职业作家后，他 16 年如一日，每天工作 19 个小时，一共写了 50 本书，其中仅长篇小说就有 19 部。他的作品充分表现人同困难的斗争，人处于各种逆境中的反抗，给 20 世纪初的文坛带来一股生机勃勃的力量。

一个小学毕业的残疾人最终成为人们敬仰的文学家，必定尝尽了种种困苦与折磨。而翻开中国历史，汉代司马迁身受腐刑志不移，直面残酷逆境写《史记》；越王勾践卧薪尝胆复国体。当然了，我们不会成为第二个司马迁和勾践，但这些人在强大的外在困难下，都能屹立不倒，并完成自己的梦想。或许现在的你也正为梦想而奋斗，也或许你正饱受逆境的折磨，但你不妨像杰克·伦敦一样，跨过困难后，你一定能在逆境中来了个 180 度大转弯。

任何一个人在追寻目标的过程中，都将注定经历不同的苦难、荆棘，那些被困难、挫折击倒的人，他们必须忍受生活的平庸；而那些战胜苦难、挫折的人，他们能够突出重围，赢得成功。对于生活中的我们来说，需要明确自己的目标，而且朝着目标前进，在追寻目标的过程中，学会忍耐，因为忍耐是对胜利的一种执着。

总之，做成一件事情，必然要经历挫折与困难，在这时若是不够坚韧，缺乏执着的精神，那么事情肯定不会成功。

要养成专注细节的好习惯

在市场经济的今天，我们每个都必须要参与人际竞争，能否在竞争中脱颖而出，关键在于你是否抓住了一个“小”字。也许有些人总是粗心大意，对事物的细节不屑一顾，太自信“天生我才必有用，千金散尽还复来”。殊不知，我们普通人，大多数时间里都是在做一些小事。假如每个人能把自己所在岗位的每一件小事做好，做到位，就已经很不简单了。每个人能一心一意地去做事，世上就没有做不到的事，成功和完美并不是遥不可及，而是要在点滴中去积累。你不能一味地去追求成功、追求完美，成功和完美固然重要，但是在追求的同时我们更要把握过程，只有把每个过程中的细节做到完美，把每件小事做到完美，那么我们最终的结果一定会完美。

细节可以体现一个人在日常生活中的修养，也是评价和衡量一个人的重要因素之一。一个人的修养同时也决定了他在工作和对待事物时的态度，两者是相辅相成的。沃伦·巴菲特给年轻人的忠告：我们可以看到，那些做事马虎的年轻人是很难有所作为的。

美国福特公司名扬天下，不仅使美国汽车产业在世界占居鳌头，而且改变了整个美国的国民经济状况，谁又能想到该奇迹的创造者福特当初进入公司的敲门砖竟是捡废纸这个简单的动作？

那时候福特刚从大学毕业，他到一家汽车公司应聘，一同应聘的几个人学历都比他高，在其他人面试时，福特感到没有希望了。当他敲门走进董事长办公室时，发现门口地上有一张纸，很自然地弯腰把他捡了起来，看了看，原来是一张废纸，就顺手把它扔进了垃圾篓。董事长对这一切都看在眼里。福特刚说了一句话：我是来应聘的福特。董事长就发出了邀请：很好，很好，福特先生，你已经被我们录用了。这个让福特感到惊异的决定，实际上源于他那个不经意的动作。从此以后，福特开始了他的辉煌之路，直到把公司改名，让福特汽车闻名全世界。

平安保险公司的一个业务员也有与福特相似的惊喜。他多次拜访一家公司的总经理，而最终能够签单的原因，仅仅是他在去总经理办公室的路上，随手捡起了地上的一张废纸并扔进了垃圾桶。总经理对他说：我观察了一个上午，看看哪个员工会把废纸捡起来，没有想到是你。而在这次见到总经理之前，他还被晾了 3 个多小时，并且有多家同行在竞争这个大客户。

可见，对于细节必须精益求精。细节可以体现出一个人的工作、学习态度，行为方式，做人理念，注重细节是一个优秀人才所必备的素质，具备这样的素质的人才能创造出出色的业绩。

而实际上，生活和工作中，想做大事的人很多，但愿意把小事做细的人却很少。大而化之、马马虎虎的毛病似乎还是不绝于眼，社会上的“差不多”先生比比皆是。大概、几乎、或许、可能……成了“差不多”先生的常用语。看不到细节，或者不把细节当回事的人，对工作缺乏认真的态度，对事情只能是敷衍了事。这种人无法把工作当作一种乐趣，而只是当作一种不得不受的苦役，因而在工作中缺乏工作热情。他们只能永远做别人分配给他们做的工作，甚至即便这样也不能把事情做好。而考虑到细节、注重细节的人，不仅认真对待工作，将小事做细，而且注重在做事的细节中找到机会，从而使自己走上成功之路。

另外，你还要有追求完美的心态，“没有最好，只有更好”，十全十美的事做不到，也不存在，但你首先应该有一个追求完美的心态。“取法其上，得其中也；取法其中，得其下也；取法其下，不足道也”。只有与时俱进，以高标准的要求和精益求精的态度，聚精会神抠细节，才能实现突破。

总之，生活中的人们，无论你现在从事什么工作，你的职位如何，那种大事干不了、小事又不愿干的心理都是要不得的。要知道，没有人可以一步登天，当你认真对待每一件小事，你会发现自己的人生之路越来越广，成功的机遇也会接踵而来。能否把握细节并予以关注就成了一个人的素质体现与能力体现。

第12章

善于等待，时间绝不会辜负一个倾尽努力的人

在人生旅途中，在追求梦想的道路上，我们发现，很多人为明天而焦虑，他们总是担心明天的生活，明天的工作，但实际上，这只不过是杞人忧天，我们谁也无法预料到明天，我们所能掌控的只有当下。并且，在人生目标的实现中，一个人只有内心平静、努力充实自己、不骄不躁，奋斗的步伐才能轻盈，才能从容不迫，才能成就自己的事业。

全力以赴，剩下的交给时间

我们都知道，任何事情的发展都是有规律的，人们的主观愿望与实际生活也总是有差距的。就像自然界的植物，它们的成长需要每天接受光合作用，需要接受甘露的灌溉，才能获得成果。其实，不仅是植物的成长，我们所做的每件事也是如此，是有一定的规律的，我们需要做的只是努力，剩下的就将一切交给时光。这是一种大气和洒脱，是一种从容和淡定。

生活中的人们，当下的你可能正处于困惑之中，可能你对现在所从事的事感到迷茫、觉得毫无希望，但是你可曾问自己：我做到百分之百的努力了吗？如果答案是肯定的，请别焦躁，该有的总会有，成功总有一天会找到你。

所以，我们千万不可把自己的主观意愿强加于客观的现实中，我们应该学会随时调整主观与客观之间的差距。凡事顺其自然，确实至为重要。

其实，任何一种本领的获得、一个人生目标的达成都不是一蹴而就的，而是需要一个艰苦历练与奋斗的过程，正所谓“梅花香自苦寒来，宝剑锋从磨砺出”，任何急功近利的做法都是愚蠢的，做任何事情都要脚踏实地，一步一个脚印才能逐步走向成功，一口是永远吃不成一个胖子的，急于求成的结果，只能适得其反，结果只能功亏一篑，落得一个揠苗助长的笑话。

孔子曰：“无欲速，无见小利。欲速，则不达，见小利，则大事不成。”真正能成大事者，都有个特点，那就是有十足的定力，遇事不慌不乱，这也是一种智慧。人要学会用长远的眼光看问题，不仅要看到近期的得失，更要着眼于未来。只有凡事不急于求成，才能真正有所成就。

春秋战国时期，魏国的国君打算发兵征伐中山国，有人向他推荐一位叫乐羊的人，据说这个人文武双全，一定能攻打下中山国。后来，魏文帝还了解到乐羊曾经拒绝了儿子奉中山国国君之命发出的邀请，同时，乐羊还劝儿子不要继续侍奉荒淫的中山国国君。于是，魏国国君打算重用乐羊，派他带兵去攻打中山国。

乐羊带兵一直攻到中山国的都城，然后就一直按兵不动，只围不攻。几个月过去了，乐羊还是没有攻打中山国，魏国的大臣们顿时议论纷纷，不过，魏国国君并不吱声，依然不断派人去慰劳乐羊。乐羊似乎就稳在那里了，其手下疑惑地问他：“你为什么还不动手攻打中山国呢？”乐羊说：“保持平和的心境，我之所以只围不打，是为了让中山国的百姓们看出谁是谁非，这样，我们才能真正地收服中山国。”

过了一个月，乐羊发动了攻势，攻下了中山国的都城。魏国国君亲自为乐羊接风洗尘，宴会完了之后，国君送给乐羊一个箱子，让他自己带回家再打开。乐羊回到家打开箱子一看，里面全部是自己在攻打中山国时，大臣诽谤自己的奏章。原来，国君与乐羊一样，都是“按兵不动”，所以，中山国才得以成功地攻打下来。

如果一开始乐羊就心急火燎地攻打中山国，那他极有可能会失败；同样的，面对大臣写下的诽谤奏章，魏国国君如果急切地惩罚了乐羊，那中山国不一定能够攻打下来。其实，做人做事就如同打一场战争，在这场战役中，你会遇到各种各样的情况，只有那些戒骄戒躁、心境平和的人才有能力赢得这场战役。在整个过程中，谁保持了平和的心境，谁就掌控局面。

在生活中，真正的赢家并不是那些聪明的人，而是那些稍显笨拙的人。因为他们认为自己不够聪明，勤能补拙，所以他们苦干，最终有了自己想要的生活，而相反，那些自以为聪明者，他们喜欢耍小聪明，看到周围的人有更巧妙的方法，他们就投机取巧，似乎这样就显得比别人聪明一点，而最终他们往往输得很惨，所以智慧和实干比起来，实干更加不可或缺。

总之，我们需要记住，无论做什么，太想成功的人，往往很难成功，太想到达目标的人，往往不容易到达目标，欲速则往往不达，凡事不可急于求成。相反，以淡定的心态对之，处之，行之，以坚持恒久的姿态努力攀登，努力进取，成功的概率却会大大增加。

忍耐枯燥与痛苦，必成大器

我们都知道，没有人能随随便便成功，自古以来的许多卓有成就的人，大多是抱着不屈不挠的精神，忍耐枯燥与痛苦之后，从逆境中奋斗挣扎过来的。在人生的道路上，我们若想有所收获，就必须要耐得住寂寞。因为成功并不是一蹴而就的，需要我们耐心等候。

自古以来，凡是能够成大事者，他们必须耐得住寂寞，排除外界的干扰。然而，我们不得不承认，现实生活是一个处处充满诱惑，时时会有外来干扰的世界，要维持长时间的、集中的注意力，必须具备一定的自我控制能力，要做到这一点，就要我们做到静心，所以，从某种意义上说，内心是否宁静是我们能否持久专注于工作和学习的前提条件。也就是说，要抵御诱惑，需要我们在努力中保持一份平常心，这样，我们就能对外界的“花花绿绿”“流光溢彩”不生非分之心，不做越轨之事，不做虚幻之梦。

华人导演李安执导的《理智与感情》被列入了“影史伟大的 100 部英国电影”榜单。回望李安的成功，就好像一次生活的蜕变，但这个过程中，他付出了巨大的代价。内敛和害羞的李安曾说：“我天性竞争性不强，碰到竞赛，我会退缩，跟我自己竞争没问题，要跟别人竞争，我很不自在，我没那个好胜心，这也是命，由不得我。”这个信命的男人，却以自己强韧的耐心完成一次生命华丽的蜕变，从一个普通的男人蜕变成为了响彻国际的大导演。

虽然，李安毕业时的作品《分界线》为他赢来了一些荣誉，但毕业之后，他没有找到一份与电影有关的工作，他只得赋闲在家，靠妻子微薄的薪水度日。那段日子算是李安的潜伏期，他为了缓解内心的愧疚，不仅每天在家里大量阅读、大量看片、埋头写剧本，而且还包揽了所有的家务，负责买菜、做饭、带孩子，将家里收拾得干干净净。他偶尔也会帮人家拍拍片子、看看器材、做点剪辑处理、剧务之类的杂事，甚至还有一次去纽约东村一栋很大的空屋子去帮人守夜看器材。在这段时间，他仔细研究了好莱坞电影的剧本结构和制作方式，试图将中国文化和美国文化有机地结合起来，创造一些全新的作品。

后来，李安回忆起这段日子的煎熬生活，依然十分痛苦：“我想我如果有日本男人的气节的话，早该切腹自杀了。”就这样，在拍摄第一步电影之前，他在家里当了六年的家庭主男，练就了一手好厨艺，就连丈母娘都夸奖：“你这么会烧菜，我来投资给你开馆子好不好？”蛰伏了一段时间之后，李安出山了，他开始执导自己的第一部电影《推手》，紧接着，他内心对电影艺术的狂热就好像终于等到了机会发泄了出来，一部接着一部，部部片子都是经典，都为其成功奠定了扎实的基础。

就这样，李安完成了一次生命华丽的蜕变。

这里，我们佩服的是，李安导演因为自始至终对电影业都怀抱理想和希望，所以他能够在家里做六年的“煮夫”，足见他的忍耐力。就连李安自己也自嘲说：“我想我如果有日本男人的气节的话，早该切腹自杀了。”在那段煎熬的日子里，他蛰伏着，就好像蝴蝶在蜕变之前所经历的一切环节，忍受着寂寞与孤独，忍受着枯燥和痛苦，但他终于以自己的耐心等来了那一天，终于，他成功了。虽然，蜕变的代价是巨大的，但他已经忍受了过来，现在的他，只需要轻轻地努力就可以采摘成功的果实，生活对于他，也从来都是公平的。

歌德说：“人可以在社会中学习。然而，只有在孤独的时候，灵感才会不断涌现出来。”由此，我们可以看到的是，如果你今生想要有所建树，成就自我，那么，在孤独中坚守，在孤独中完善自我，是走向成功必经之路。一个人，只有依靠自己的力量，脚踏实地顽强拼搏，才有可能达到目标，实现梦想。

西奥多·罗斯福也曾说过：“有一种品质可以使一个人在碌碌无为的平庸之辈中脱颖而出，这个品质不是天资，不是教育，也不是智商，而是自律。有了自律，一切皆有可能，否则连最简单的目标都显得遥不可及。”任何一个人的才能，都不是凭空获得的，学习是唯一的途径。学习的过程，就是一个不断克服自我，控制自我的过程，只有首先战胜自己，摒除内在和外在的干扰，才能以全部的激情投入到对知识的汲取中。

专心致志，持续努力

人生在世，要有一番成就，就必须要有目标，这是毋庸置疑的。正是因为这一点，现实生活中的很多人，他们认为自己当下的工作根本谈不上“惊天动地的事业”，于是，他们总是渴望拥有一份更能发挥自己能力与价值的工作，对自己的本职工作便心不在焉。而实际上，热爱我们的工作并做到专心致志、全力以赴，是每个社会人的职责，也是让自己快乐的源泉。我们死心塌地地对待我们所做的工作时，就能产生火热的激情，它能让我们每天在工作中全力以赴。久而久之，持续地努力付出自然会有回报，你将因出色的表现获得巨大成就。

心理学教授丹尼尔·吉尔伯特认为：当一个人憧憬未来，在他看来，他似乎已经经历了那种美好，但实际上，这不过是一个想象的黑洞，是虚无的。的确，对于未来的过分憧憬，反而会抹杀自己对未来更为可靠的理性预测。

其实，任何时候，成功始于源源不断的工作热忱，你必须热爱你的工作，你才会珍惜你的时间，把握每一个机会，调动所有的力量去争取出类拔萃的成绩。

曾有一位教授讲过这样一位毕业生的经历：

杰森是纽约一所著名大学的毕业生，毕业这年，他暗暗下决心，一定要扎根在这个全世界人羡慕的繁华大都市并做出一番事业来。他的专业是建筑设计，本来毕业时是和一家著名的建筑设计院签了工作意向的，但由于那家设计院在外地，杰森未经考虑就决定不去。如果去了，他会受到系统的专业训练和锻炼，并将一直沿着建筑设计的路子走下去。可是一想到会几十年在一个不变的环境里工作，或许永远没有出头之日，这点让约翰彻底断了去那里工作的念头。

他在纽约找了几家建筑公司，大公司不要没有经验的刚出校门的学生，小公司杰森又看不上，无奈只好转行，到一家贸易公司做市场。一段时间后，由于业绩得不到提高，身心疲惫的杰森对工作产生了厌倦情绪。但心高气傲的他觉得如果自己单干肯定会更好，于是他联系了几个朋友一起做建材生意。本以为自己是“专业人士”，做建材生意有优势，可是建筑设计与建材销售毕竟是两码事。不到一年，生意亏本了，朋友们也因利益关系闹得不欢而散。

无奈之下的杰森只好再换工作，挣钱还债。由于对工作环境不满意，几年下来，他又先后换了几次工作，杰森对前途彻底失去了信心。现在专业知识已忘得差不多了，由于没有实践经验，再想做几乎是不可能了。杰森虽然工作经验丰富，跨了好几个行业，可是没有一段经历能称得上成功……现实的残酷使杰森陷入很尴尬的境地，这是他当初无论如何也没想到的。

杰森为什么一事无成，因为他总是“这山望着那山高”，一切凭兴致而定，他没有意识到真正的快乐与事业的成功都来自于踏实的工作。

的确，成功者之所以成功，就是因为在专注的过程中，经过了沮丧和危险的磨炼，才造就了天才。

在每一种追求中，作为成功之保证的与其说是卓越的才能，不如说是追求的目标。目标不仅产生了实现它的能力，而且产生了充满活力、不屈不挠为之奋斗的意志。因此，我们需要记住的是，世事繁杂，我们不必关注太多，只要做好手头事、着眼于当下，一步一个脚印，你就会有所收获。

包维尔自小就十分喜欢摄影，大学毕业后，他对摄影到了痴迷的程度，无心去挣钱工作。从此包维尔过着简单的生活，从不理会自己的生活是富有还是贫穷，只要能够摄影也就够了。他穿着破裤子，吃着最便宜的汉堡包。在别人眼里，他是困苦贫穷的象征。而包维尔自己却过得非常快乐。

在他二十七岁时，他的人物摄影技术开始登峰造极，成为世界公认的人物摄影大师，并为英国首相拍摄人物照，从此一发而不可收。至今为全世界一百多位总统、首相拍过人物摄影。请他摄影的世界名流更是数不胜数，排队等候一两年是常事。包维尔，一个真正的世界顶尖级摄影大师。

从包维尔的故事中，我们得知，追求人生目标，只有内心平静、做事专注的人，才能从容不迫、不骄不躁地沉淀自己，才能最终有一番成就。

可见，我们任何人，都没有精力去经历所有事，但作为年轻人，应该趁着年轻时脚踏实地，认清自己前进的方向，并沿着这一方向不断钻研，这样一定能令自己更加充实和完美。

学会放弃，过分执着是一种弊病

我们都知道，执着是一种良好的品质，是认准了一个目标不再犹豫坚持去执行，无论在前进中会遇到任何的障碍，都决不后退，努力再努力，直至目标实现。在我们追求梦想的过程中，更需要这样的意志力，因此，历来，执着都被公认为一种美德，然而，过分执着就变成了固执，这是一种弊病。固执的人之所以固执，是因为他们对于自己要做的事心存执念，他们认准了目标后便不再回头，撞了南墙也不改变初衷，直至精疲力竭。

因此，有时候，要想重新审视自己的行为，你就必须首先放下那些无谓的执念。只有先学会放下，我们才能不断向上。

《佛经》中曾经记载了这样一个故事：

一个人前来拜祖，他双手持物，准备献给如来佛祖。

佛说："放下。"他便将左手之物放下。

佛又说："放下。"他只好又将右手之物放下。

可佛还是说："放下。"两手空空的他大惑不解。

佛终于微笑着说："放下你的执念。"

俗话说，"拿得起，放得下"，反过来理解，放得下的人，才能拿得起，该扔的扔，有些无谓的坚持是没有任何意义的。放下既是一种理性的决策，也是一种豁达的心胸。当你学会了放下，你就会觉得，你的人生之路会宽广很多。

的确，人的一生，不可能什么都得到，相反，有太多的东西需要我们放弃。爱情中，强扭的瓜不甜，放手的爱也是一种美；生意场上，放下对利益无止境的掠夺，得到的是坦然和安心；在仕途中，放弃对权力的追逐，随遇而安，获得的是一份淡泊与宁静。

从前，有甲乙两个人，他们生活得十分窘迫，但两人关系却很要好，经常一起上山打柴。

这天，他们和以往一样上了山，走到半路，却发现了两大包棉花。这对于他们来说，可以说是一大笔意外之财，可供家人一个月衣食丰足。当下，两人各自背了一包棉花，赶路回家。

在回家的路上，甲眼前一亮，原来他发现了一大捆上好的棉布，甲告诉乙，这捆棉布可以换更多的钱，可以买到更多的粮食，应该换做背棉布。而乙却不这么认为，他说，棉花都已经背了这么久了，不能就这么放弃了，乙不听甲的话，甲只好自己背棉布回家。

他们又走了一段路，甲突然望见林中闪闪发光，走近一看，原来是几坛黄金，他高兴极了，心想这下全家的日子不用愁了，于是，他赶紧放下肩上的布匹，拿起一个粗棍子挑起黄金。而此时，乙仍是不愿丢下棉花，并且他还告诫甲，这可能是个陷阱，还是不要上当了。

甲不听乙的劝告，只好自己挑着黄金和乙一起赶路回家。走到山下时，天居然下起了瓢泼大雨，两人都湿透了。乙更是叫苦连天，因为他身上背的棉花吸足了雨水，变得异常沉重，乙不得已，只能丢下一路辛苦舍不得放弃的棉花，空着手和挑黄金的甲回家去。

故事中的这两位村民为什么在收获上会有如此的不同？很简单，因为背棉花的村民不懂变通，只凭一套哲学，便欲强渡人生所有的关卡。而另外一位村民则善于及时审视自己的行为。的确，在追求目标的路上，审慎地运用您的智慧，做最正确的判断，选择属于您的正确方向。同时，别忘了随时检视自己选择的角度是否产生偏差，适时地进行调整，千万不能像背棉花的村民一般，时时留意自己执着的意念是否与成功的法则相抵触，追求成功，并非意味着您必须全盘放弃自己的执著，去迁就成功。只需您在意念上做合理的修正，使之契合成功者的经验及建议，即可走上成功的轻松之道。

古人云：无欲则刚。真正的放下，才是一种大智慧、一种境界。因为不属于我们的东西实在太多了，只有学会放弃，才能给心灵一个松绑的机会。表面上看，放下了就意味着失去，所以是痛苦的，然而，如果你什么都想要，什么都不想放下，那么最终你什么都得不到。人生苦短，无非几十年，有所得也就必有所失。只有我们学会了放弃，我们才会拥有一份成熟，才会活得坦然、充实和轻松。

其实，生活中的我们也应该想一想，我们是否也心怀执念而让自己钻入了死胡同。坚持多一点就变成了执着，执着再多一点就变成了固执。人应该执着，但不应该错误地坚持一种想法，有时候，你可能没意识到的是，你坚持的想法是虚妄的。因此，我们应当学会放下，找到新的出路，重新审视自己的生活。

总之，在我们的人生中，执着固然是可取的，但是某些执念必须放下，比如，那些已经求证过的不可能成为现实的目标，你就必须果断放弃；在现实世界中完全不能被应用的目标，你也必须理智地放弃；权衡利弊之下，得出的结论是完全没有实施的必要的目标，你也必须放下……

第13章

先行思考，思维灵活方能让拼搏不走弯路

曾有人说，头脑是一切竞争的核心，因为它不仅会催生出创意，指导实施，更会在根本上决定成功。而更让我们没有意识到的是，思维决定行动，我们做事的效能如何，也决定于我们的思维活动。因此，思维是改变外界事物的原动力，思考是调高效能唯一的捷径，无论是学习、工作还是追求梦想，我们都要多动脑，从而以最快的速度解决问题，达成目的。

思维的高度决定人生的高度

当今社会，任何人要想在竞争中脱颖而出，都不能忽视思维的力量，那些头脑灵活、拥有思想的人在这个社会更有打拼的出路。积极思考的力量是强大的。在现实生活中，我们每个人也应该用智慧指导人生，只要思路开阔，你也可以创造出辉煌。因为一个人的思路往往决定了他会向哪个方向走，而他又会向前走多远。如果缺乏好的思路，即使他再聪明、再有抱负，也会和成功失之交臂。拥有了好的思路，就能够在迷雾中看清目标，在众多资源中发现自己的独特优势。

生活中的人们，如果你渴望成功，就不妨从现在起，开始为你的目标积极思考吧，不要认为你办不到，不要存有消极的思想，你潜在的能力足以会帮助你实现它。

鲍尔默先生于1980年加盟微软，他是比尔·盖茨聘用的第一位商务经理。

鲍尔默从小就很聪明，在他读高中的时候，他的母亲带他参加了全国性的数学大赛，在这次大赛中，他拿到了前十名的好成绩，并且拿到了哈佛大学的奖学金，从此，他顺利实现了他父亲的梦想——考入哈佛大学。

在哈佛学习的期间，鲍尔默拿到了双学士学位——数学和经济学学位。

鲍尔默告诉曾经在一次新生开学典礼学上说：“打开你的思路，放远你的视线。”他说，“因为永远有机会是你没有想到的，你没有看到的，可是这个机会可能会给你带来惊喜的转折。”

这是鲍尔默对自己成功人生的精彩诠释。思路开阔、目光远见的人，常常能够想在人先，走在人前。

那么，很多人也处于贫贱之中，为什么没能做出什么成就？如果一个人屈服于贫贱，那么贫贱将折磨他一辈子；如果一个人性格刚毅，敢于尝试，不怕冒险，他就能战胜贫贱，改变自己的命运。而在现实生活中，善于思考问题、善于改变思路的人总能给自己赢得机遇，在成功无望的时候创造出柳暗花明的奇迹。

的确，如果在刚开始时心中就怀有一个高的目标，意味着从一开始你就知道自己的目的地在哪里，以及自己现在在哪里。朝着自己的目标前进，至少可以肯定，你迈出每一步的方向都是正确的。一开始时心中就怀有最终目标会让你逐渐形成一种良好的工作方法，养成一种理性的判断法则和工作习惯。有了一个高的奋斗目标，你的人生也就成功了一半。如果思想苍白、格调低下，生活质量也就趋于低劣；反之，生活则多姿多彩，尽享人生乐趣。

1969 年，从小就喜欢吃汉堡的迪布・汤姆斯在美国俄亥俄州成立了一家汉堡餐厅，并用女儿的名字为店起了名——温迪快餐店（Wendy’s）。在当时，美国的连锁快餐公司已比比皆是，麦当劳、肯德基、汉堡王等大店已是家喻户晓。与他们比起来，温迪快餐店只是一个名不见经传的小弟弟而已。

迪布・汤姆斯毫不因为自己的小弟弟身份而气馁。他从一开始就为自己制定了一个高目标，那就是赶上快餐业老大麦当劳！

虽然在 20 世纪 80 年代，他并无“下手”的机会，但等待机遇的他终于找到了麦当劳在营销过程中的漏洞——麦当劳号称有 4 盎司汉堡包的肉馅，而重量从来就没超过 3 盎司，而正是利用这一点，他成功借助广告打败了麦当劳。

因此，他的目标达到了，凭借几十年朝着目标的努力，温迪的营业额年年上升，1990 年达到了 37 亿美元，发展了 3200 多家连锁店，在美国的市场份额也上升到了 15%。直逼麦当劳坐上了美国快餐业的第三把交椅。

迪布·汤姆斯为什么能成功？可以说，他的成功正是对目标管理的成功，刚开始，他的目标就是麦当劳，朝着这一目标，我们发现，他努力的方向变得逐渐明朗，离成功的脚步也逐渐近了。的确，世上被称为天才的人，肯定比实际上成就天才事业的人要多得多。为什么？许多人一事无成，就是因为他们缺少雄心勃勃、排除万难、迈向成功的动力，不敢为自己制定一个高远的奋斗目标。不管一个人有多么超群的能力，如果缺少一个认定的高远目标，他将一事无成。设定一个高目标，就等于达到了目标的一部分。

总之，你若希望自己拥有一个灵活的头脑，就要学会在日常生活中重视训练自己的大脑，因为人的大脑就如同一台机器，长时间不使用，它的工作能力就会下降。

化繁为简，成功有时也有捷径可走

我们可以承认的一点是，几乎人人都有自己的梦想，但最终能实现的人并不多，一些人满腔热血，制定了充分的施行计划，更勇于执行，但却处处碰壁，最终未能实现目标；也有一些人发现，追求梦想和实现目标的过程实在太艰难，于是他们产生了放弃的念头。而其实，之所以出现这两种情况，是因为他们束缚了自己的思维，有时候，只要你能化繁为简，是能找到通往成功的捷径的。

有这样一个有奖征答活动，题目是：一次，三个人一起坐热气球旅行，这三个人都是关系人类命运的科学家。第一位是核专家，他有能力防止全球性的核战争，使地球免于遭受灭亡的绝境；第二位是环保专家，他可以拯救人类免于因环境污染而面临死亡的厄运；第三位是粮食专家，他能在不毛之地种植粮食，使几千万人脱离饥荒。但旅行到一半旅程，却发现热气球充气不足。就在那一刻，此刻热气球即将坠毁，必须丢出一个人以减轻载重，使其余的两人得以存活，请问该丢下哪一位科学家？

因为奖金数额庞大，征答的回信如雪片飞来。每个人都竭尽所能地阐述他们认为必须丢下哪位科学家的见解。最后，结果揭晓，巨额奖金的得主是一个小男孩。他的答案是：将最重的那位丢出去。

我们在赞叹小男孩的答案时，也不难得出这样一个结论：任何复杂的现象，其复杂的也只是表面，其实都有一般性的规律，都可以找到简单的分析、处理方式。这就是化繁为简的过程，这个过程需要就是找寻规律，把握关键。

在美国乡村，有个老头和他的儿子相依为命。

一天，一个人找到老头说要将他的儿子带去城里工作，老人愤怒地拒绝了这个人的要求。这个人又说："如果你答应我带他走，我就能让洛克菲勒的女儿成为你的儿媳，你看怎么样？"老头想了又想，终于被让儿子能当"洛克菲勒的女婿"这件事情说动了。这个人把老头的儿子精心打扮后，找到了美国首富、石油大王洛克菲勒，对他说："尊敬的洛克菲勒先生，我想给你的女儿找个对象。"洛克菲勒说："快滚出去吧！"这个人又说："如果我给你女儿找的对象是世界银行的副总裁呢？"于是洛克菲勒就同意了。

最后，这个人找到了世界银行总裁，对他说："尊敬的总裁先生，你应该马上任命一个副总裁！"总裁先生摇着头说："不可能，这里这么多副总裁，我为什么还要任命一个副总裁呢，而且必须马上？"这个人说："如果你任命的这个副总裁是洛克菲勒的女婿呢？"总裁立刻答应了。

在这个人的努力下，那个乡下小子不但娶了洛克菲勒的女儿，也成为了世界银行的副总裁。

这是一个财富故事，苏格拉底说过，真正高明的人，就是能够借助别人的智慧，来使自己不受蒙蔽，那个乡下小子之所以能成为世界银行的总裁，还能娶到洛克菲勒的女儿，就是因为他找到了通往成功的捷径，让他一下子由一个穷苦的乡下人摇身一变成为众人羡慕的贵族。

而我们发现，很多时候，我们在寻找解决问题的方法时，往往把问题考虑得过于复杂化，其实事情本质是很单纯的。表面看上去很复杂的事情，其实也是由若干简单因素组合而成。

所以，我们要看到思维的力量，我们也应该锻炼着自己的头脑，扩展了自己的眼光和思维。因为这是一个脑力制胜的年代，谁的想法更高明，更有效，谁就更容易高效能地做事，也更容易提升自己的价值。很多时候，一个金点子，花费不多，却拥有点石成金的力量。只有看到别人看不到的东西的人，才能做到别人做不到的事。灵活的头脑和卓越的思维为我们提供了这种本领，深入地洞察每一个对象，就能在有限的空间，成就一番可观的事业。

事实上，我们任何人，无论做什么，都要有灵光的头脑，善于创造性思维，不能钻牛角尖。这条路走不通，不妨转换一下思维，何不尝试下反过来思考，先找问题的本质？思维一变天地宽，勤思考，善于逆向、转向和多向思维的人，总能找出解决问题的方法，总能以最少的力气，做出最满意的效果。

事实上，生活中，很多人之所以在某些事情上失败，就是因为他们一直在做无用功。如果你也是个不爱动脑的人，那么，你不妨试着学会思考，你就会发现积极思考的惊人力量，任何困难和失败均能通过它来解决，即使是那些杂乱无章的事情，只要你运用思考的力量，就会将他们一一捋顺。思考不是“无用功”的代名词，而是“节能、省力”的法宝，因为能以积极的思维去摆脱困境，化解难题。

总之，面对看似杂乱无章的事情，只要你能开动大脑，跳出习惯的思维框框，就能抓住问题的实质，就会得出异乎寻常的答案。

深谋远虑，将每个步骤考虑在内

古人云：“凡事预则立，不预则废。”大到国家，小到个人，做事时候都必须要有计划性，只有做到缜密行事、步步为营，才能让成功多一份胜算，但凡要把一件事情做好，一般都要经历资料收集、深入调查、分析研究、最终下结论这样一个过程。生活中的人们，在做决策之前，一定要反复思考，思维要有远见，才能提高成功的可能性。

石油大王洛克菲勒也曾说：“没有想好最后一步，就永远不要迈出第一步。”这就是一种思维的远见性。在生活中，我们也常听老人说：“做事之前就要想到后面四步。”其实，向前每走一步，我们都需要相应对的方法，如果不能看得那么远，至少我们需要看见一步。

在现实工作中，小到一个职员，大到一个公司，都需要有长远的打算，如果你只着眼于眼前的小恩小惠，那迟早有一天你将被利益所吞噬，职场生涯同时也宣告结束。将自己的眼光放得更长一些，不为眼前的小事所累，把持住自己，这样你的职场之路才会走得更远。

的确，我们在做事的过程中，不仅需要稳当、周全，而且不要急于求成，更不要被眼前的小事所累。在时机未成熟之前，你定要把持住自己。一个成大事的人，眼光总是比身边的人看得稍远一点。

然而，我们发现，生活中有这样一些人，他们大大咧咧，改变不了粗枝大叶的毛病，思考问题时，思路紊乱，东拉西扯，始终是稀里糊涂。而结果只能是，事情做不到尽善尽美。千里之堤毁于蚁穴，如果我们做不到善于思考，那么哪怕只是一些细节问题，也可能导致全局上的失败。

拿破仑是一位传奇人物，这位军事天才一生之中都在征战，曾多次创造以少胜多的著名战例，至今仍被各国军校奉为经典教例。然而，1812 年的一场失败却改变了他的命运，从此法兰西第一帝国一蹶不振，并逐渐走向衰亡。

1812 年 5 月 9 日，已经在欧洲大陆取得辉煌胜利的拿破仑离开巴黎，挥军北上，直捣莫斯科城。

然而，当法军进城后，却发现市中心着火了，整个莫斯科城的四分之一都被烧毁，很多房屋瞬间化为灰烬。而此时，俄国沙皇也采取了坚壁清野的措施，使远离本土的法军陷入粮荒之中，即使在莫斯科，也找不到生存下去的粮草，很多战马就这样死了，许多大炮因无马匹驮运不得不毁弃。几周后，寒冷的天气给拿破仑大军带来了致命的诅咒。在饥寒交迫下，1812 年冬天，拿破仑大军被迫从莫斯科撤退，沿途大批士兵被活活冻死，到 12 月初，60 万拿破仑大军只剩下了不到 1 万人。

关于这场战役失败的原因众说纷纭，但谁又能想到是小小的军装纽扣起着关键的作用呢。原来拿破仑征俄大军的制服，采用的都是锡制纽扣，而在寒冷的气候中，锡制纽扣会发生化学变化成为粉末。由于衣服上没有了纽扣，数十万拿破仑大军在寒风暴雪中形同敞胸露 怀，许多人被活活冻死，还有一些人得病而死。

拿破仑的失败，正验证了人们说的"成也细节，败也细节"， 细节能带来成功，同时也能导致失败。他万万没有想到的是，一颗纽扣居然会导致自己大败。

的确，思维指导行动，如果思虑不周全，那么，就好比一个机器上的关键零件出现问题，那就意味着全盘皆输。

那么，生活中的人们，该如何做到善于思考，稳健走好每一步呢？

首先，你并不需要建立长期计划，重要的是做好当下的事。

那么，为什么不建立长期计划呢？生活中，有些人说自己能预见未来，这当然是谎言。因为无论对于未来的预计多么精细，都无法将一些不可知因素囊括在内，在遇到一些问题时，就不得不改变计划，或者对其进行相应的调整，甚至在某些情况下，你需要无奈地放弃预期的计划。

其次，要勤于思考。

思维的力量是巨大的，但人的大脑就如同一台机器，长时间不使用，它的工作能力就会下降甚至不适用。因此，要有智慧，就要有一个善于思考的头脑。真正的"有头脑"，指的是善思考、勤实践，有思想、智慧、远见、卓识和才干。一个人虽然长着脑袋，但若不善用脑袋，没有思想、智慧、远见、卓识和本领，是不能算是有头脑的。

最后，做任何事都要制定完善的计划和标准。

要想把事情做到最好，你必须在心中为自己设定一个严格的标准，并且，在做事时，你一定要按照这个标准来执行，决不能马虎；另外，在做任何一项决策前，一定要思虑周全，并作广泛的调查论证，广泛征求意见，尽量把可能发生的情况考虑进去，以尽可能避免出现 1% 的漏洞，直至达到预期效果。

可见，每一刻都是关键，都能影响生命的过程。在下决心之前，不需要太急促，遇到重要问题时，如果没有想好最后一步，就永远不要迈出第一步，要相信总有时间思考问题，也总有时间付诸行动，要有促进计划成熟的耐心。但一旦做出决定，就要像斗士那样，忠实地去执行。

逆向思维也许会有意想不到的收获

生活中的人们，可能都有这样的经历：你已经习惯了从茎窝凹处切分苹果，若不改变切法，不管切多久，都不会有新奇的发现；若横切一刀，你就会发现，苹果核竟显示出清晰的五角星状。的确，很多时候，当我们的思维处于短路的状态时，假如我们换条思路进行逆向思维的话，你就会豁然开朗，找到头绪。所谓逆向思维，也叫求异思维，它是对司空见惯的似乎已成定论的事物或观点反过来思考的一种思维方式。敢于“反其道而思之”，让思维向对立面的方向发展，从问题的相反面深入地进行探索，树立新思想，创立新形象。生活中的你可能已经习惯于沿着事物发展的正方向去思考问题并寻求解决办法。其实，对于某些问题，尤其是一些特殊问题，从结论往回推，倒过来思考，从求解回到已知条件，反过去想或许会使问题简单化。

我们先来看一个关于逆向思维的经典小故事：

加里·沙克是一个具有犹太血统的老人，退休后，在学校附近买了一间简陋的房子。住下的前几个星期还很安静，不久有三个年轻人开始在附近踢垃圾桶闹着玩。

老人受不了这些噪声，出去跟年轻人谈判。“你们玩得真开心。”他说，“我喜欢看你们玩得这样高兴。如果你们每天都来踢垃圾桶，我将每天给你们每人一块钱。”

三个年轻人很高兴，更加卖力地表演“足下功夫”。不料三天后，老人忧愁地说：“通货膨胀减少了我的收入，从明天起，只能给你们每人五毛钱了。”年轻人显得不大开心，但还是接受了老人的条件。他们每天继续去踢垃圾桶。

一周后，老人又对他们说：“最近没有收到养老金支票，对不起，每天只能给两毛了。”“两毛钱？”一个年轻人脸色发青，“我们才不会为了区区两毛钱浪费宝贵的时间在这里表演呢，不干了！”从此以后，老人又过上了安静的日子。

按照一般人的想法，肯定是用强力赶走制造噪声的人，至于是否奏效则没有保障。犹太老人用了一个看起来很傻的办法，却达到最终想要的效果。

的确，思路一变天地宽，很多时候，在你看来似无路可走的情况下，只要你能转换思考的角度，你就能找到出路。某时装店的经理不小心将一条高档呢裙烧了一个洞，其身价一落千丈。如果用织补法补救，也只是蒙混过关，欺骗顾客。这位经理突发奇想，干脆在小洞的周围又挖了许多小洞，并精于修饰，将其命名为“凤尾裙”。一下子，“凤尾裙”销路顿开，该时装商店也出了名。

换一种思维，就会从另外一个方面判断问题，从而把不利变为有利。换一种思维方式，把问题倒过来看，不但能使你在做事情上找到峰回路转的契机，也能使你找到生活上的快乐。

关于运用逆向思维，我们你需要掌握以下三大类型：

1. 反转型逆向思维法

这种方法是指从已知事物的相反方向进行思考，产生发明构思的途径。“事物的相反方方向”常常从事物的功能、结构、因果关系等三个方面作反向思维。比如，市场上出售的无烟煎鱼锅就是把原有煎鱼锅的热源由锅的下面安装到锅的上面。这是利用逆向思维，对结构进行反转型思考的产物。

2. 转换型逆向思维法

这是指在研究一问题时，由于解决这一问题的手段受阻，而转换成另一种手段，或转换思考角度思考，以使问题顺利解决的思维方法。如历史上被传为佳话的司马光砸缸救落水儿童的故事，实质上就是一个用转换型逆向思维法的例子。由于司马光不能通过爬进缸中救人的手段解决问题，因而他就转换为另一 手段，破缸救人，进而顺利地解决了问题。

3. 缺点逆用思维法

这是一种将事物的缺点变为可利用的特点，化被动为主动，化不利为有利的思维方法。这种方法并不以克服事物的缺点为目的，相反，它是将缺点化弊为利，找到解决方法。如金属腐蚀是一种坏事，但人们利用金属腐蚀原理进行金属粉末的生产，或进行电镀等用途，无疑是缺点逆用思维法的一种应用。

突破思维定式，就能创造奇迹

日常生活中的人们，不知你是否有这样的体会：你会对那些经验丰富和资历老者往往会心生敬意，因为他们代表着权威，他们的经验能为我们解决问题提供帮助，然而，在积累的经验的过程中，他们也会形成一些固定的思维。因为经验告诉他们："这样实行成功的概率没有百分百，那么，就不要浪费精力了。"于是，他们最终放弃了自己的想法，而那些敢于坚信自己判断力的"初生牛犊者"则成了第一个吃螃蟹的人。

那么，什么是思维定式呢？简单地说，思维定式就是反复感知和思考同类或相似问题所形成的定型化的思维模式。思维定式是人类心理活动的普遍现象。一个人如果形成了某种思维定式，就好像在头脑中筑起了一条思考某一类问题的惯性轨道。有了它，再思考同类或相似问题的时候，思考活动就会凭着惯性在轨道上自然而然地往下滑。思维定式是阻碍人前进的一条铁链，它使人的思维进入无法前进的死胡同。

可能你也有这样的感受：人们总是很容易陷入到固有的思维模式里去，有时候明明某种想法对解决问题没有很好的效果，却非得按照常规去做，结果白白地耗费了时间和精力。有这样一个故事：

在美国加州，有一家老牌饭店——柯特大饭店。

曾经，这家饭店的老板准备筹建一个新式电梯，他重金聘来世界各地的著名建筑师和工程师，他希望他们能一起解决这个建筑问题。

不得不承认的是，这些建筑师和工程师们的经验是丰富的，他们根据自己的经验提出，要改造电梯，饭店就必须停止营运，而这一点，实在让老板很苦恼，这意味着饭店将要遭受经济上的损失。

他问："难道就真的没有别的方法了吗？"

"是的，我们一致认为，再也没有比这更好的方法了，饭店要停止营运半年，对于经济上的损失，我们也很难过……"建筑师和工程师们坚持说。

就在老板为此头疼的时候，饭店的一个年轻的清洁工说出了一段惊人的话："难道非要把电梯安在大楼里吗，外面不可以？"

“多么好的方法啊！我们怎么没有想到呢”工程师和建筑师听了，顿时诧异得说不出话来。

很快，这家饭店采用了年轻人的计策——屋外装设了一部新电梯，而这就是建筑史上的第一部观光电梯。

这位年轻的清洁工为什么能提出与众不同却又巧妙绝伦的解决难题的方法？因为他能跳出专家们的固定思维。的确，在建筑师和工程师们看来，电梯就应该安装在房间内部，却想不到电梯也可以安装在室外。

事实上，生活中，不少人在解决问题的时候，都听从了内心所谓的“经验”的摆布。问题不在于他们的技术高低、学识多寡，而在于他们突破不了固有的思维方式。工程师和建筑师被专业常识束缚住了，而清洁工的脑子里没有那么多条条框框，思路很开阔，所以才会想出令专家们拍手称好的妙招。

的确，现代社会，我们都强调要创新，任何重大成果的发现，都离不开创新意识的发挥。同样，我们也应该摒除生搬硬套和墨守成规这两点，学会突破，你才能有所收获。

具体来说，你需要做到：

1. 多动脑

思考是提出质疑、发现新问题的前提，也是帮助我们找到真理的唯一途径。许多非常成功的人，都是善于思考的。牛顿通过对苹果落地现象的质疑产生了关于重力的假说。爱因斯坦通过对太阳的质疑产生了相对论。爱迪生因为最爱向老师“问为什么”而成为伟大的发明家。要知道，一个不善思考的人又怎么能否定固有经验和思维从而有所突破呢？

2. 大胆地说出自己的想法

你要敢于说出自己的想法，遇到问题要敢于打破常规，发挥自己的想象力，凡事没有标准答案，敢于提出不同的答案和见解，久而久之，你就能培养出不被经验束缚的判断习惯了。

3. 不要让理论知识束缚手脚，否定自己的能力

比如，在面对一项工作时，一个人如果对有关知识了解不深，他会说："做做看。"然后着手埋头苦干，拼命地下功夫，结果往往能完成相当困难的工作。但是有知识的人，常会一开头就说："这是困难的，看起来无法做。"这实在是画地为牢，且不能自拔。

总之，如果你想破除经验、资历给你的思维带来的负面作用，你就要做到敢于自我否定，摒除观念思维、经验主义等主观定式，不要给自己上思维枷锁。

第14章

创新为王，让创造力助你改变人生

自古以来，人类就是在不断的创新中进步的，可以说，人类如果没有创新，只会停滞不前。而现代社会，是否具有创造力已经成为衡量一个人能力的重要标准，作为单个人，如何保持思考创新，直接关系到一个人的事业成败，你只有创新才能激活自己全身的能量。有效的创新会点燃人生火花，成为实现梦想的手段。谁有创新思想，谁就会成为赢家；谁要拒绝创新，谁就会平庸！年轻就是力量，年轻人，只要你敢于创新，你就会与众非凡。

创新让一切变得生机勃勃

生活中的人们，只要你敢于创新，你的生活与工作都会变得生机勃勃，你就会与众非凡。

这是微软全球副总裁张亚勤亲身经历的一个故事：

1985年，张亚勤赴美留学，在以满分的成绩通过博士生入学考试后，张亚勤跑去向导师求教如何选择博士论文的题目。

“老师，您看我的博士论文到底该做什么题目？”

谁知道那位老师说：“我还正要问你这个问题呢！”

张亚勤感到很意外。因为在国内，总是导师先给学生划定一个大致的论文范围。而在美国，总是学生自己找研究课题，导师只是最后帮助把握一下，提一些建议。张亚勤很快意识到这就是东西方教育的区别：“开放”与“计划”教育的区别。他认为这种开放的学习方式更能使人产生学习兴趣，也更有创造力：“自己选课题的时候总是最用心的时候。”

的确，知识社会的秘密就在于创造力。正如画家笔下的世界，一张纸、一支画笔，基本颜色永远只那几种，无非是线条和点的组合，每个元素都没有新的发明，但因为画家的创造力，它就能具备无限的艺术价值。缺乏资源的日本就是个榜样，在其 1982 年的国策审议中，日本作出了“开发日本人的创造力，是日本通向 21 世纪的支柱”的决议，把开发国民创造力作为基本国策来执行。

的确，即使再细小的事情，思考改良的人与墨守成规的人，从长远地看，将产生惊人的差距。我们同样以扫地为例，每天反复琢磨如何扫得更干净、更快捷的人也许会独自成立承包清洁的公司并担任总经理。与此相对，得过且过懒得想办法的人一定依然每天继续扫地工作。

同样，古今中外，任何一个成功者，都具有一些共同的特质：他们积极主动，富有创造力。我们任何一个人，无论现在处于什么样的境况，都渴望成功，渴望以现在的岗位为起点，不断攀登事业上的高峰，所以我们就需要积极主动，富有创造力。

创新者往往能抓住机遇的尾巴，为自己赢得新收益。我们经常说，方法总比问题多，事实上，人们都不愿意开动脑筋去寻找方法，因为这是一件伤脑筋的工作，于是，为了保险起见，我们更愿意使用前辈们已经传授给我们的方法和经验，而这却容易使得我们陷入思维的惯性中，即按固定的思路去想问题，而不愿意换个角度、换种方式去想，拘泥于某种模式。这样不仅不利于问题的更好解决，更是阻碍了我们的思维活性。

在创新的过程之中，最可怕的是想象力的贫乏。可以这样说，人的一切发明与创造都源于想象力。一个人一生的成就，全归功于他能建设性地、积极性地利用想象力。有与众不同的想法，才能有与众不同的收获。

因此，你若要想成为一名拥有创造力的人：

第一，破除权威给自己带来的思想困扰；

第二，看到从众心理的危害，“从众”只会让你人云亦云。

第三，要破除观念思维、经验主义等主观定式，没有所谓绝对的真理，因此，我们不仅需要敢于挑战专家权威的勇气，也需要敢于自我否定。

另外，对于一个创造型人才来说，积极注重于自信非常重要。拥有自信，才能够不怕失误、不怕失败地去进行新的尝试。在大多数情况下，不敢自信走“小路”的人，通常也难成为创业型人才。

萧伯纳有一句名言：“明白事理的人使自己适应世界，不明白事理的人想使世界适应自己。”人都是在这种主动的不断调整、不断适应的过程中成长的。那些被动学习和工作的人，总是郁郁不得志。相反，那些积极上进勇于创新者，也许常有一时的困顿，但最终都能拥有一个比较辉煌的职业前景。

环境是特定的，人是灵活的。因此，人不能被特定的环境所压制，而是要努力去冲破环境。即作为人是不能被环境所屈服的，因为，我们是勇敢的。我们要超越环境之上，做一个永远的胜利者。当一个人最想做自己的时候，那就等于想解放自我，而不在做环境的奴隶。即使这样做是要付出很大的代价也不怕。

想象在一个人成功过程中起着非常重要的作用。总之，我们只有打开想象力的闸门，更有力地展开想象力的翅膀，才会翻腾起充满被动的思维大潮，才会让思想飞到一个前所未有的成功境地。

培养创新意识，不断进取，超越自我

我们不得不说，人类社会发展到今天，是否拥有动手能力和创新精神已成为一种判定人才的标准，这更是一种时代精神。现代社会，我们都强调要创新，任何重大成果的发现，都离不开创新意识的发挥。

也就是说，我们任何一个人，都应该培养自己的独立思考能力和创新能力，只有这样，你才能够做到不断进取。

很久以前，几乎所有人都认为只有硬件才能赚钱，哈佛学长比尔·盖茨是第一个看到软件前景的商人，而且“以软制硬”，把其软件系统应用到所有的行业或公司。微软开发的电脑软件的普遍使用，改变了资讯科技世界，也改变了人类的工作和生活方式。人们把盖茨称为“对本世纪影响最大的商界领袖”一点也不过分。现在，传统经济已让位于创造性经济。美国统计表明，2016 年年底，只有 31 万员工的微软公司，市场资本总额高达 6000 亿美元。麦当劳公司的员工为微软的 10 倍，但它的市场资本总额仅为微软的 1/10。尽管 21 世纪依然有汉堡包的市场，但其影响和威望，远不能同微软相比。

微软还是第一家提供股票选择权给所有员工作为报酬的公司。结果，创造了无数百万富翁甚至亿万富翁，也巩固了员工的忠诚度，减少了员工的流动。这一方法被别的企业竞相采用，取得了巨大的成功。

微软处处领先，靠的是什么，就是创新。要最大限度地发挥人的潜能，就不要受制于自缚手脚的想法。成功者相信梦想，也欣赏清新、简单但很有创意的好主意。

我们再来看这样一个财富故事：

20 世纪 40 年代，南美洲的很多方糖都是由美国进口的，因此，美国制糖也有很多制糖公司，但对这些公司而言，他们一直有个苦恼的问题，那就是运送过程中，都会因方糖在海运途中受潮造成巨大损失。为了解决这些问题，这些公司曾经请了很多专家研制解决方法，但都没有效果。

后来，运送方糖的轮船上有个年轻的工人却用最简单的方法解决了这一难题：在方糖包装盒的角落戳个通气孔，这样，方糖就不会在海上运输时受潮了。

这个方法被运用到运送方糖上，为这些制糖公司减少了几千万美元的损失，而且这个方法的最大的好处是，不需要什么成本。

这个年轻的工人也是个有头脑的人，他马上为该方法申请了专利保护。后来，他把这个专利卖给各大小制糖公司，成了百万富翁。

后来，又有个日本人，他从这件事中得到启发，他发现，这一方法不仅可以用于制糖包装盒上，还可以放到其他很多方便，比如，若能在打火机的火芯盖上也钻个小孔，能够大量延长油的使用时间。而他也凭着这个专利发了财。

从这个故事中，我们发现，很多时候，小小的创新都能带来很大的财富。这也就是为什么成功者总是说财富是“想”出来的。人不但要养成思考的好习惯，还要始终坚守自己的独立思想，同时扩展思考的范围，开阔思路，扩展思维，这样才会更好地、更大限度地获取有益的信息，促成自己获得辉煌的成就。

相反，无论做什么事，总是在别人用过的套路里打转转只会局限自己，因为当经验在大脑里越积越多，甚至形成一种思维定式的时候，就会形成思维僵化，就做不到创新。

法国心理学家约翰·法伯曾经做过一个著名的实验，他把许多毛毛虫放在一个花盆的边缘上，使其首尾相接，围成一圈。在花盆周围不远的地方，他撒了一些毛毛虫喜欢吃的松叶。毛毛虫开始一个跟着一个，绕着花盆的边缘一圈一圈地走，一小时过去了，一天过去了，又一天过去了，这些毛毛虫还是夜以继日地绕着花盆的边缘转圈，一连走了七天七夜，它们最终因为饥饿和精疲力竭而相继死去。其实，如果有一个毛毛虫能够破除尾随的习惯而转向去觅食，就完全可以避免悲剧的发生。后来，科学家把这种喜欢跟着前面的路线走的习惯称为“跟随者”的习惯，把因跟随而导致失败的现象称为“毛毛虫效应”。

这个效应告诉我们，盲目地跟随他人不一定有好结果，我们的生活需要创造力。创造力是指产生新思想，发现和创造新事物的能力。生活中的年轻人，都是未来社会的主人，应当具有锐意变革的精神，才能为自己始终使自己处于竞争中的有利地位。

知识社会的秘密就在于创造力。创造力在一个人的成长奋斗中都起着非常重要的作用。因此，任何一个青少年朋友，你都要在日常生活和学习中多注重培养自己的创新意识和创造能力，最终将自己历练成为一个创造型人才。

创造力的产生源于想象力

我们都知道，科研工作者从事一项研究时都要力求创新。而创新是思维的结果。一个人只有敢于打破现有的固定模式，才可能创造出奇迹。而奇迹不是每天都会发生的，想要奇迹发生，还要看你的行为标志和思维状况。那么，生活中的你，你是甘于平静，还是让生命充满色彩呢？如何才能产生创造力呢？

我们先来看下面一则故事：

曾经有两个人，他们一起出差。这天，工作任务完成的他们来到大街上闲逛，其中一个人看见路边一个老妇在卖一只黑色的铁锚，细心的他发现，这只铁锚的眼睛很特别，应该是宝石做的，于是，他询问老妇能不能用一整只铁锚的价钱来买一双眼睛，老妇虽然不大高兴，但最终还是同意了，然后把这只铁锚的眼珠子取出来卖给了他。

回到宾馆以后，他迫不及待地把自己的经历告诉了同伴。同伴听完后，问清楚了事情的前因后果，然后问他老妇在哪里，说自己想买剩下的那只铁锚。

于是，他便把地点告诉了同伴，同伴拿了钱立即就去寻老妇去了，一会儿，他把铁猫抱了回来。他说，既然这只铁锚的眼睛都是宝石做成的，那么，这只铁锚的猫身肯定也价值不菲，于是，他拿起铁锤往铁猫身上敲，铁屑掉落后发现铁猫的内质竟然是用黄金铸成的。

这里，我们不得不佩服这个最后买走缺了眼睛的铁锚的人，他的思维是独特的。的确，既然猫的眼睛是宝石做的，那么它的身体肯定不会是铁。正是这种逆向思维使同伴摒弃了铁猫的表象，发现了猫的黄金内质。

爱因斯坦说："想象力比知识更为重要。"在创新的过程之中，最可怕的是想象力的贫乏。可以这样说，人的一切发明与创造都源于想象力。一个人一生的成就，全归功于他能建设性地、积极性地利用想象力。有与众不同的想法，才能有意想不到的收获。因此，我们任何一个人，都应该学会在日常生活中多开动你的大脑，培养自己的创造性思维和创造力。

生活中，我们经常说，方法总比问题多，事实上，人们都不愿意开动脑筋去寻找方法，因为这是一件伤脑筋的工作。于是，为了保险起见，我们更愿意使用前辈们已经传授给我们的方法和经验，而这却容易使得我们陷入思维的惯性中，即按固定的思路去想问题，而不愿意换个角度、换种方式去想，拘泥于某种模式。这样不仅不利于问题的更好解决，更是阻碍了我们的思维活性。

若培养自己的创造性思维和创造力，你需要从以下几个方面努力：

1. 发散思维的获得

通过联想能力的训练，可以锻炼发散思维。你应当引导自己从事物中获得某种启示、感悟，比如，在写作文时提高思想认识，深化作文主题。这不仅是对自己思维的训练，也是一种德育。

2. 抽象思维的获得

你可以自己进行一些奇数或偶数数列和递减数列的训练。比如，要求他在 5、7、9、10、11、13、15 这七个数中去掉一个多余的数。看自己能否从这个奇数数列中挑出那个多余的偶数 10。这种数的概括推理方法，对于已经青春期的你是轻而易举就能掌握的。

3. 逆向思维的获得

逆向思维是创造性思维中的主要部分，逆向思维有两大优势：

逆向思维优势一：在日常生活中，常规思维难以解决的问题，通过逆向思维却可能轻松破解。

逆向思维的优势二：逆向思维会使人们独辟蹊径，在别人没有注意到的地方有所发现，有所建树，从而制胜于出人意料。在日常生活中积极主动地运用逆向思维，则能够起到拓宽和启发思路的重要作用。当你陷入思维的死角不能自拔时，你不妨尝试一下逆向思维法，打破原有的思维定式，反其道而行之，说不定就会眼前一亮，豁然开朗。

事实上，我们任何一个人，都逃不过未来社会激烈的竞争。而任何竞争不仅需要魄力和勇气，更需要思想和智慧，需要变通，而没有想象力和创造力都是可怕的，都只能走别人的老路，甚至以失败告终。

多角度看问题，绝不能人云亦云

日常生活中，可能我们都有这样的感触：对于那些已经经过前人证实的观点或者众人都认同的思想，我们通常会本能地接受、省略思考的过程。而事实上，如果一个人总是有从众心理的话，那么，他最终会变得随波逐流、毫无创新意识和创新能力，进而一事无成。

松下幸之助曾经说过："今日的世界，并不是武力统治而是创新支配。"一个小小的改变，只要能跳出传统守旧的观念，将自己思想方式巧妙地变一变，往往就会产生意想不到的效果。还记得那个引起诸多争议的人物拿破仑吗，他可谓是当时欧洲政坛最没"规矩"的人物了。

他从政没有规矩：一个没有贵族血统、没有门第背景的人，依靠娶了一个有钱的寡妇，挤进了法国政坛。他打仗没有规矩：别人都是列着队敲着鼓走到跟前了再放枪，可他打仗是先用大炮轰，然后再让骑兵冲上去一顿乱砍。他曾下达过一条著名的指令："让驴子和学者走在队伍中间。"在拿破仑的远征军中，除了2000门大炮外，还带了175名各行业的学者以及成百箱的书籍和研究设备。他用人没有规矩：除了法国，当时没有任何一个欧洲国家的元帅是鞋匠木工小摊贩，可他的26位元帅中，有24位出身于此类平民。他甚至连加冕都没有规矩：别的皇帝都是跪下让教皇把王冠给他戴上，他竟然是站起来抓过王冠，自己给自己戴上的！

如同当时欧洲的贵族们怒斥的那样：拿破仑这个土匪是世界上最没有规矩的人！但他成为了蜚声于世的拿破仑，成为一代代军事迷追逐的神话。规矩是一种标准、法则和习惯，合乎标准和常理的人总是规矩最忠实的践行者，但他们终生踏着别人的脚印走路，毫无创意可言。

人们常说:“创新始于天才。”其实,这话应该颠倒一下,“天才始于创新”才合乎情理。“天才”与大家一样，原本都是普普通通的人，重要的区别就是他们敢于创新、敢于寻找自己的“活法”罢了。

5 岁的小姑娘刘明明，是北京某机关大院里的孩子王，常常被幼儿园阿姨追到家里找父亲告状。带着一群小朋友爬树偷摘园里刚刚成熟的苹果，替被外班同学欺负的小伙伴打抱不平，反正每样闯祸的事情都和她脱不了干系。

将近半个世纪之后，福伊特造纸技术（VOITH PAPER）中国区总裁兼首席代表刘明明，坐在她上海的办公室里回忆童年：“我从小胆子就大，而且敢作敢当，性格特别像男孩子。”事实上，刘明明今天仍然是一位以“大胆”给人留下深刻印象的女总裁：为了上亿美元的大项目敢和顶头上司针锋相对，在意见不同时敢于坚持，力排众议说服犹豫不决的集团总部给中国市场重新定位，甚至最初获得“首席代表”的身份也颇有些传奇色彩：“他们最早想让我做副手，我说，我自己去和董事会谈。”

从一个捣蛋鬼、小女子到一位身价不菲的女总裁，正是她身上那股敢于说 NO 的勇气，让她跻身于成功者的行列。那么，生活上的你，是否曾经也是那个经常被欺负的小孩？如果你还揣着成功梦，你就必须学会说 NO。

其实每个人都有自己的创新意识，有的时候只是处于隐蔽状态，未曾开发出来而已。因此，新时代的人们，只要你敢于突破常规、敢想敢干，一样能够突破自我。

杰出的创意是获得成功的可靠保障，良好的思维胜于健全的体魄。成功是从“想”开始的，只有敢“想”，会“想”，并“想”出结果，才会是成功者的候选人。

为此，在追求成功的人生道路上，你首先懂得反省，及时悬崖勒马。

当我们的思维活动遇到障碍，陷入困境，难以再继续下去的时候，往往都有必要认真检查一下：我们的头脑中是否有某种定式思维在起束缚作用？我们是否应该换个角度去看问题了？

其次，你要善于变通，敢于尝试。变通思维是创造性思维的一种形式，是创造力在行为上的一种表现。思维具有变通性的人，遇事能够举一反三，闻一知十，做到触类旁通，因而能产生种种超常的构思，提出与众不同的新观念。科学领域中的任何建树，都需要以思维的变通为前提。一般来说，变通思维用好了，就会起到一种“柳暗花明”的奇妙作用。

努力已达极限，或者你会获得灵感

生活中，我们任何一个人都知道努力在目标实现过程中的重要性，但很多时候，却事与愿违，他们越是努力，越是找不到解决问题的出路，于是，他们开始怀疑自己的目标是否正确，自己是否一直在错误的道路上行进，而其实，他们离成功实现目标已经只有一步之遥，只要他们做到极限的努力，就能看到获得灵感，看到前方的明灯。而实际上，很多人，正是在这最后一刻放弃了。

俗话说，“守得云开见月明”，如果仅仅因为一时的云朵遮蔽而放弃等待美好月光的机会，岂不可惜？古今中外那些成功者，也无不是绝处逢生，在关键时刻找到出路。因此，新时代的人们，当你处于人生的低谷、陷入迷茫时，也不妨做一下最后的努力，全力以赴或许会为你带来灵感！

所以，不管你现在的状况如何，你都要扪心自问，你做到尽全力了吗？如果答案是否定的，那么就要把自己的厚度给积累起来，当有一天时机来临的时候，你就能够奔腾入海，成就自己的人生。

越是认真、拼命工作的人，就越会思索劳动的意义，思考工作的目的。同样，生活中的人们，可能你偶尔也有这样的感慨——越是认真工作，这样的迷惑或许就越深。在面临看似无法解决的难题时，你可能会告诉自己："为什么要这么做？究竟为什么要干这项差事？"因为找不到这些问题的答案，你会陷入迷途之中，那么此时，你不妨告诫自己：不要痴迷于捕捉远景的幻想中，全力以赴地为今天工作，并做到锲而不舍，你便会发现很多问题会在无形中被解决。

生活中的人们，可能在工作、奋斗之余，你也会编织你的梦想，你也渴望和那些成功人士一样，那么在努力之前请做好屡败屡战的勇气吧。比如说，如果你渴望成为一个运动员，那么你就必须比其他人要付出更多的努力。

莱瑞·杜瑞松在第一次奉派外地服役的时候，有一天连长派他到营部去，交代给他 7 件任务：去见一些人、请示上级一些事，还有一些东西要申请，包括地图和醋酸盐（当时醋酸盐严重缺货）。杜瑞松决心把 7 件任务都完成，虽然他并没有想好要怎么去做。

果然事情并不顺利，问题就出在醋酸盐上。他滔滔不绝地向负责补给的中士说明理由，希望他能从仅有的存货中拨一点给他。杜瑞松一直缠着他，到最后不知道是中士被杜瑞松说服了，还是他实在没有办法摆脱杜瑞松的纠缠，中士终于给了他一些醋酸盐。

杜瑞松去向连长复命时，连长并没有多说话，但是很显然他有些意外，因为要在短时间里完成 7 件任务确实非常不容易。或者换句话说，即使杜瑞松不能完成任务，也是可以找到借口的。但他根本就没有想到去找借口，他心里根本就没有放弃的想法。

杜瑞松的故事告诉我们，一个人，在接受任何工作之后，成功与否就在于你是否已经全力以赴。和杜瑞松相比，生活中很多人的做法却不是这样，他们把宝贵的时间和精力放在了如何寻找一个合适的借口上，而忘记了自己的职责。寻找借口唯一的好处，就是把属于自己的任务推卸掉把应该自己承担的责任转嫁给社会或他人。这样的人，在企业里不会成为称职的员工；在学校不是一个好学生；在社会上不是一个好公民。这样的人，注定是一个失败者。

总的来说，全力以赴是一种工作态度、一种困境之中仍然能坚持不懈的精神，并且，这种精神与态度与现代社会要求创新与变通这一大方向是不矛盾的，新方法和灵感并不是一味地要求我们做到改变，很多时候，他们也是孕育在原有思路中，只是需要我们达到极限的努力。

第15章

承受压力，优秀是在压力下催生出来的

现代社会生活中，我们每个人都承受着来自各方面的压力，一些人常抱怨力太大，压得自己喘不过气来。其实，有压力，才有动力，压力带给我们的不仅仅是痛苦和沉重，还能激发我们的潜能和内在激情，让我们的潜能得以开发。因此，生活中的人们，从现在起，抛却那些无谓的抱怨吧，并努力提高自己，战胜困难，才能收获成功的果实。

忍耐枯燥与痛苦是成功的必经之路

在人生的道路上，我们常常会遭受不同的挫折与困难，面对挫折，人们有着不同的理解，有人说挫折是人生道路上的绊脚石，有人却说挫折是垫脚石，所谓“百糖尝尽方谈甜，百盐尝尽才懂咸”。与河流一样，人生也需要经历了洗练才会更美丽，经过了枯燥与痛苦之后，才能收获成功的果实。

在哈佛有一句名言：“请享受无法回避的痛苦，比别人更早更勤奋地努力，才能尝到成功的滋味。”自古以来的许多卓有成就的人，大多是抱着不屈不挠的精神，忍耐枯燥与痛苦之后，从逆境中奋斗挣扎过来的。

有本书上曾经这样说：“能够忍受孤独的，是低段位选手；能够享受孤独的，才是高段位选手”。诚哉斯言！不同的人生态度，成就了不同的人生高度。忍耐正是一种崇高的人生境界，古人曾作的“百忍歌”中有这样的句子“忍得淡泊养精神，忍得勤劳可余积，忍得语言免事非，忍得争斗消仇冤”。忍耐不是软弱，反而是一种大度。忍耐也并不是妥协，而是一种胜利。在生活中，学会审视一下自己，我们根本没有理由对周围的一切都那么苛刻，要学会忍耐，这样会让生活变得更加轻松。

1832 年，毕业于哈佛大学的林肯失业了，这显然使他很伤心，但他下定决心要当政治家，当州议员。糟糕的是，他竞选失败了。在一年里遭受两次打击，这对他来说无疑是痛苦的。接着，林肯着手自己开办企业，可一年不到，这家企业又倒闭了。在以后的 17 年间，他不得不为还企业倒闭时所欠的债务而到处奔波，历经磨难。

随后，林肯再一次决定参加竞选州议员，这次他成功了。他内心萌发了一丝希望。认为自己的生活有了转机："可能我可以成功了！"

1835 年，他订婚了。但离结婚的日子还差几个月的时候，未婚妻不幸去世。这对他精神上的打击实在太大了，他心力交瘁，数月卧床不起。1836 年，他得了精神衰弱症。

1838 年，林肯觉得身体良好，于是决定竞选州议会议长，可他失败了。1843 年，他又参加竞选美国国会议员，但这次仍然没有成功。林肯虽然一次次地尝试，但却是一次次地遭受失败：企业倒闭、情人去世，竞选败北。要是你碰到这一切，你会不会放弃？放弃这些对你来说是重要的事情？

林肯没有放弃，他也没有说："要是失败会怎样？"1846 年，他又一次参加竞选国会议员，他又一次参加竞选国会议员，最后终于当选了。两年任期很快过去了，他决定要争取连任。他认为自己作为国会议员表现是出色的，相信选民会继续选举他。但结果很遗憾，他落选了。因为这次竞选他赔了一大笔钱，林肯申请当本州的土地官员。但州政府把他的申请退了回来，上面指出："做本州的土地官员要求有卓越的才能和超常的智力，你的申请未能满足这些要求。"

接连又是两次失败。在这种情况下你会坚持继续努力吗？你会不会说"我失败了"？然而，林肯没有服输。1854 年，他竞选参议员，但失败了；两年后他竞选美国副总统提名，结果被对手击败；又过了两年，他再一次竞选参议员，还是失败了。

林肯一直没有放弃自己的追求，他一直在做自己生活的主宰。1860 年，他当选为美国总统。

亚伯拉罕·林肯在竞选参议员失败后曾说过这样一句话："此路艰辛而泥泞，我一只脚滑了一下，另一只脚也因而站不稳；但我缓口气，告诉自己'这不过是滑一跤，并不是死去而爬不起来'。"确实，一次失败并不会让你一无所有，相反，因为内心的忍耐力，会让你得到了宝贵的经验去开始下一次尝试。

因此，我们可以说，忍耐枯燥与痛苦是成功的必经之路。人生不可能是一帆风顺的，总是会有这样或那样的挫折与困难，在这个过程中，就需要我们去忍耐这个战胜挫折过程中的枯燥与痛苦，甚至是失败。这一切都需要忍耐，如果没有坚强的意志力，就难以忍受，最后就不能获得成功。如果你想赢得成功，就不得不忍耐这路程中的枯燥与痛苦，失败与辛酸，在忍耐之后继续奋斗，这样你才有力气走到最后，才能走向通往成功的路途。

把压力变动力，踩着压力前进

人的一生，必定免不了困难和压力，面对压力，很多人常常会抱怨，会逃避。其实，有压力，才有动力，压力带给我们的不仅仅是痛苦和沉重，还能激发我们的潜能和内在激情，让我们的潜能得以释放。为此，我们可以说，重压之下，便离成功不远。

人生境界就是如此。在你生命的过程中，不论是爱情、事业、学问等，你勇往直前，到后来竟然发现那是一条绝路，没法走下去了，山穷水尽悲哀失落的心境难免出现。此时不妨往旁边或回头看看，也许有别的通路；即使根本没有路可走了，抬头看看天空吧！虽然身体在重压下，但是心还可以畅游太空，体会宽广深远的人生境界，再也不会觉得自己穷途末路。

的确，面对重压，如果我们紧盯着压力，不为自己的心理减负的话，我们的眼里就会充满苦难，就会发现脚下的路有沟有坎，一点都不平坦，于是就举步不前，停留在那块平地上，结果自然是一事无成。而相反，如果我们能换个角度看待现状，无论遇到什么样的压力和困难，都始终向前看，你看到的就是一条路，顺着路走下去，你就会发现路越来越宽，景色越来越美。

在美国跳水运动史上，有个叫乔妮·埃里克森的运动员，在 1967 年夏天，在一次跳水比赛中，她不幸负伤，除脖子之外，全身瘫痪。乔妮不得不离开她一直梦想的跳水事业，她甚至感到绝望，然而，她并没有向命运妥协，她开始冷静思考人生的意义和价值。

乔妮认识到：虽然我的身体残疾了，我没办法再参加跳水，但我为什么不能在其他道路上奋斗呢？随后，她想到了读书时代的她曾热爱画画。于是，坚强的她捡起了画笔，手不行，她就用嘴，逐渐他学会了怎样用嘴画画，为了练习绘画，她常常累得头晕目眩，有时候画纸上都被她的汗水和泪水浸湿了。

转眼过了很多年，总算她的努力得到了回报，她的一幅风景油画在一次画展上展出后，得到了美术界的好评。

乔妮又想到要学文学。这一想法来源于她的一次经历，当时，有一家刊物向她约稿，要她谈谈自己学绘画的经过和感受，然而，尽管她很用心地写，依然没有写成功，这件事对她的刺激太大了，她才感觉到有必要练习写作水平。

终于，又经过许多艰辛的岁月，她终于实现了自己的文学梦。1976 年，乔妮的自传《乔妮》出版了，轰动了文坛，她收到了数以万计的热情洋溢的信。两年后，她的《再前进一步》一书又问世了，该书以作者的亲身经历，告诉残疾人，应该怎样战胜病痛，立志成才。后来，这本书被搬上了银幕，影片的主角由她自己扮演，她成了青年们的偶像，成了千千万万个青年自强不息，奋进不止的榜样。

的确，在人生道路上，困难和挫折是难免的，尤其是希望有一番成就的人们，更要有心理准备，人生会起起伏伏，我们无法预料，但是有一点我们一定要牢牢记住：重压之下，便离成功不远，立于危崖，才能学会飞翔。当你遇到逆境时，千万不要忧郁沮丧，无论发生什么事情，无论你有多么痛苦，都不要整天沉溺于其中无法自拔，不要让痛苦占据你的心灵。困难来临时，我们要有勇气直面困难并且做到一直向好的方向行进，这才是一种努力达到和谐的状态，那么你最终将战胜困难。

实际上，上天对我们每个人都是公平的，为什么有些人能得到成功的果实，有些人却只能甘于平庸？其中一个很大的原因就在于他们是否有走出困境的毅力。命运在为我们创造机会的同时，也为我们制造了不少“麻烦”。如果你在“麻烦”面前倒下了，那么你也就失去了成功的机会；如果你经过挫折、失败的锤炼后变得更加坚强，那么你就是真正的强者。不甘于平庸，不想成为失败者，那你就要有勇气面对困境和压力，而不是懈怠和逃避。

突破困境，绝不消极等待

有人说，人生是一次长途跋涉，旅途中常常有曲折和险阻。如果抱着只希望走一帆风顺之路的心态的人，恐怕是难以登上人生制高点的，因为谁的成功都不会手到擒来。在生活中的你也会遇到一些难题，此时，你难免会产生一些焦躁的情绪，但焦躁对于事情的解决毫无帮助，你只有静下心来，才能冷静地思考解决的方法。因此，无论发生什么，你都要记住，一定要有个好心态，不到最后一刻都不要放弃。

美国影视演员克里斯托弗·里夫因在电影《超人》中扮演超人而家喻户晓，但谁也没想到的是，接下来他却遭遇了一场从天而降的大祸。

1995 年 5 月 27 日，里夫参加了弗吉尼亚的一个马术比赛，谁知中间发生了意外事故，里夫头部着地，第一及第二颈椎全部折断。长达五天的时间，里夫终于醒过来了，不过医生说，他也不能确定里夫能不能活着离开手术室。

在那段时间里，里夫的人生陷入谷底，他甚至几次想到了轻生。后来，他出院了，他的家人为了能让他心情好点，便用轮椅推着他出门旅行。

有一次，他的家人开车带他出门游玩，当车来到一路盘旋的盘山公路上时，他望着窗外，望得出神，他似乎想到 什么，他发现，每当车开到道路尽头的时候，路边就出现一块交通警示牌：“前方转弯！”或“注意！急转弯”，这些警示文字赫然出现在他的眼前。然而，只要车开过了弯道，前面就会出现豁然开朗风景。突然，“前方转弯”这几个大字好像刻在了他的心里，也给了他当头一棒，原来，路不是到了尽头，只是该转弯了。他幡然醒悟，于是，他对家人大喊一声：“我要回去，我还有路要走。”

从此以后，他完全改变了以往颓废的生活，他以轮椅代步，当起了导演，他第一部首席指导的影片就荣获了金球奖；他尝试着用嘴咬着笔写字，他的第一部书《依然是我》一问世就进入了畅销书排行榜。与此同时，他创立了一所瘫痪病人教育资源中心，并当选为全身瘫痪协会理事长。他还四处奔走，举办演唱会，为残障人的福利事业筹募善款，成了一个著名的社会活动家。

最近，美国《时代周刊》报道了克里斯托弗·里夫的事迹。

在这篇文章中，他回顾自己的心路历程时说：“以前，我一直以为自己只能做一位演员；没想到今生我还能做导演、当作家，并成了一名慈善大使。原来，不幸降临的时候，并不是路已到了尽头；而是在提醒你：你该转弯了。”

一次偶然的事件，让原本几乎绝望的克里斯托弗·里夫重新选择了一条人生的路。在这条路上，他同样取得了成功甚至是辉煌。

生活中的你，在追求梦想的过程中，可能也会遇到困难，可能你也会选择放弃，但是，请想一下，如果选择了真正的绝望，向所谓的命运妥协了，那么你就真的彻底失败了；而如果你选择另外一种心态，继续思考下去，那么，你就有可能绝处逢生。

然而，失败平庸者多，主要是心态有问题。遇到困难，他们总是挑选容易的倒退之路。“我不行了，我还是退缩吧。”结果陷入失败的深渊。成功者遇到困难，他们能心平气和，并告诉自己：“我要！我能！”“一定有办法！”

当然，要突破困境，绝对不能消极等待，而要在等待中要积极寻找突破口，创造条件去克服困难，从而实现从“山重水复疑无路”到“柳暗花明又一村”。

事实上，人们驾驭生活的能力，是从困境生活中磨砺出来的。和世间任何事件一样，苦难也具有两重性。一方面它是障碍，要排除它必须花费更多的力量和时间；另一方面它又是一种肥料，在解决它的过程中能够使人更好地锻炼提高。

库雷曾说：“许多人的失败都可以归咎于缺乏百折不挠、永不放弃的战斗精神的。”的确，我们发现，一些人或满腹经纶，或能力超群，但他们却同时拥有一个致命的弱点，那就是缺乏一种抗打击的能力，往往一遇到微不足道的困难与阻力，就立刻裹足不前，没有韧性，遇硬就回，遇难就退，遇险就逃。因此，终其一生，他们只能从事一些平庸的工作。一个人跌倒并不可怕，可怕的是跌倒之后爬不起来，尤其是在多次跌倒以后失去了继续前进的信心和勇气。不管经历多少不幸和挫折，内心依然要火热、镇定和自信，以屡败屡战和永不放弃的精神去对付挫折和困境。那么，你会不断强大起来。

砥砺心智，让自己更强大

我们都知道，在人生道路上，困难和挫折是难免的，人生起起落落也无法预料，但是有一点我们一定要牢牢记住：将困难置于渺小的境地，你在心态上就战胜了困难。因此，当我们遇到逆境时，千万不要忧郁沮丧，无论发生什么事情，无论你有多么痛苦，都不要整天沉溺于其中无法自拔，不要让痛苦占据你的心灵。困难来临时，我们要有勇气直面困难、打倒困难，以顽强的意志战胜困难。

为此，当我能遇到难题时，我们绝不能像只鸵鸟那样把头埋在沙堆里面，将各种问题推开，因为这样问题始终也不会获得解决。如果你能选择不把挫折拿来当成放弃努力的借口，那么，或许你们可以用一个新的角度，来看待一些一直让你们裹足不前的经历。你可以退一步，想开一点，然后你就有机会说：“或许那也没什么大不了的！

人生之路，就如细流入海，不会是一帆风顺、一路坦荡，总是要经历风风雨雨，坎坎坷坷。那些成功的人在面对人生低谷的时候，总是能够心底坦然，不会屈服于挫折，而是勇于做一个承受痛苦、奋斗不息的人，以百折不挠的精神，继续奋力前行。

很久很久以前，有一个养蚌人，他想培育一颗世界上最大的最美的珍珠。

他去大海的沙滩上挑选沙粒，并且一颗一颗地问它们，愿不愿意变成珍珠。那些被问的沙粒，一颗一颗都摇头说不愿意。养蚌人从清晨问到黄昏，得到的都是同样的结果，他快要绝望了。

就在这时，有一粒沙子答应了。因为，它一直想成为一颗珍珠。

旁边的沙粒都嘲笑它，说它太傻，去蚌壳里住，远离亲人朋友，见不到阳光、雨露、明月、清风，甚至还缺少空气，只能与黑暗、潮湿、寒冷、孤寂为伍，多么不值得！

那颗沙子还是无怨无悔地随养蚌人去了。

斗转星移，几年过去了，那粒沙子已经长成了一颗晶莹剔透、价值连城的珍珠，而曾经嘲笑它的那些伙伴们，有的依然是海滩上平凡的沙粒，有的已化为尘埃。

如果说这世上有“点石成金术”的话，那就是“艰辛”。你忍耐着，坚持着，当走完黑暗与苦难的隧道之后，就会惊讶地发现，平凡如沙子的你，不知不觉中已长成了一颗珍珠。

因此，我们每一个人都应该记住：逆境总是吞噬意志薄弱的失败者，而常常造就毅力超群的事业成功者。磨难是魔鬼，它夺走了你的光明。磨难也是天使，它是一座深不可测的宝藏。要在逆境中赶走魔鬼、拥抱天使，最重要的美德就是坚韧。

那么，面对困难和逆境，我们该怎样做呢？

1. 做好最坏的打算

谚语常说：“能解决的事不必去担心，不能解决的事担心也没用。”这样一想，你会发现，在最坏的情况面前，也没什么可忧虑的，那么你也就能变得积极了。

的确，人生拥有的是不断的抉择。要看你是用什么态度去看待这些有赖您决定的无数机会。在综观每件事情、每个问题的正反两面之后，您将发现内心最深处的恐惧，在所有状况明朗了解之后，将会自行化为乌有。

2. 学会转换思维

比如，面对着半杯水，对于乐观旷达、心态积极的人而言，是：“哈，真高兴我还有半杯水！”对那些悲观沮丧、患得患失的人而言，则是：“唉，只有半杯水了，这该如何是好呀？”

因此，对那些乐观旷达、心态积极的人而言，两个都是好机会。对那些悲观沮丧、心态消极的人而言，两个都是不好的机会。

3. 不要强迫自己去忘记某件事情，把一切交给时间

忘记任何一件痛苦的事，都需要一个过程。因此，有时偶尔会想起它，其实也无妨。当你想起它时，你可以对自己说：那都是过去，看我现在多快乐啊！相比过去而言，现在的我是多么地幸福啊……人要往前看，往好处想，这样，随着时间的流逝，那些过去也就真的成为“往事”了。

总之，人生路上，当我们遇到某些困难，遇到某些不顺心的事时，你可能会因此变得沮丧。此时，你应告诉自己，困境是另一种希望的开始，它往往预示着明天的好运气。因此，你只要放松自己，告诉自己希望是无所不在的，再大的困难也能坦然面对。

任何时候都不要放弃希望

有人说，只有一条路可走的人往往最容易成功。也许你会产生疑问：这是为什么？因为别无选择，所以才会倾尽全力朝目标冲刺。有时只有斩断自己的退路，才能把不可能变成可能。美国杰出的心理学家詹姆斯的研究表明：一个没受逼迫和激励的人仅能发挥出潜能的20% ~ 30%，而当他受到逼迫和激励时，其能力可以发挥80% ~ 90%。许多有识之士不但在逆境中敢于背水一战，即使在一帆风顺时，也用切断后路的强烈刺激，使自己的通向成功的路上立起一块块胜利的路标。

的确，人在绝境或没有退路的时候，最容易产生爆发力，展示出非凡的潜能，为此，每个怀揣梦想的人，即使你已经置于悬崖，即使你已经处于最恶劣、最不利的情况下，你也要保持必胜的决心，用强烈的刺激唤起那敢于超越一切的潜能。

老亨利是一家大公司的董事长，他是个和蔼的老人。有一次，产品设计部的经理汤姆向老亨利汇报说："董事长，这次设计又失败了，我看还是别再搞了，都已经第九次了。"汤姆皱着眉头，神情非常沮丧。

"汤姆，你听我说，我让你来设计，就相信你能成功，我给你讲个故事。"老亨利吸了一口雪茄，开始讲起来："我也是个苦孩子，从小没受过什么正式教育。但是，我不甘心，一直在努力，终于在我31岁那年，我发明了一种新型的节能灯，这在当时可是个不小的轰动呢！但是，我是个穷光蛋，要进一步完善需要一大笔资金。我好不容易说服了一个私人银行家，他答应给我投资。可我这种新型节能灯刚一投放市场，其他灯的销路就被阻断了，所以就有人暗中阻挠我成功。可谁也没想到，就在我要与银行家签约的时候，我突然得了胆囊症，住进了医院，大夫说必须马上做手术，否则就会有危险。那些灯厂的老板知道我得病了，就开始报纸上大造舆论，说我得的是绝症，骗取银行的钱来治病。结果，那位银行家不准备投资了。更严重的是，有一家机构也正在加紧研制这种节能灯，如果他们抢在我前头，我就完蛋了！我躺在病床上简直是万分焦急，最后只能铤而走险，不做手术，如期地与那位银行家见面。

“见面前，我让大夫给我打了镇痛药。和银行家见面后，我忍住剧烈的疼痛，装作没事似的，和银行家谈笑风生。但时间一长，药劲过去了，我的肚子就像刀割一样疼，后背的衬衣也让汗水湿透了。可我仍然咬紧牙关，继续周旋。我当时心里就只剩下一个念头：再坚持一下，成功与失败就在能不能挺住这一会儿！病痛终于在我强大的意志力下低头了，最后我终于取得了银行家的信任，签了合约。我在送他到电梯口时脸上还带着微笑，并挥手向他告别。但电梯门刚一关上，我就扑通一下倒在地上，失去了知觉。提前在隔壁等我的医生马上冲过来，用担架将我抬走。后来据医生说，我的胆囊当时已经积脓，相当危险。知道内情的人无不佩服我这种精神。我呢，就靠着这种精神一步步走到现在。”

汤姆被老亨利的故事感动了，他感到万分惭愧。和董事长相比，自己遇到的这点压力算什么呢？

“董事长，您的故事让我非常感动，从您身上我真正体会到了再坚持一下的精神。我非常感谢您给我的鼓励和提醒。我回去再重新设计，不成功，誓不罢休。”汤姆挺着胸，攥着拳，脸涨得通红，说话的声音有些颤抖。

事实是最好的证明，在试验进行到第十二次的时候，汤姆终于取得了成功。

任何人、任何事情的成功，固然有很多方法，但最根本的就是需要坚持。

当我们面临考验之际，往往会一直以为是已经到了绝境，但此时，不妨静下心来想一想，难道真的没有机会了吗？当然不，只要你满怀希望，你会发现，你在经受的只是一个考验，考验过去就是光明，就是成功。

生活中的人们，在你追求成功的过程中一定充满了挫折与失败。挫折是生活的组成部分，你总会遇到。社会间的万事万物，无一不是在挫折中前进的。即使是灾难也不足以让你垂头丧气。有时候，可能一次可怕的遭遇会使你倍受打击，认为未来都失去了意义。在这种情况下，你必须相信：灾难中也常常蕴含着未来的机遇。

第16章

继续前行，努力没有终点，人生不能设限

中国人常说：“功到自然成”，这句话的含义是，在追求目标的路上，如果做不到不懈努力，那么就会与成功失之交臂。事实上，即使你已经有所成就，你也不能停止努力的脚步，要知道，人生充满无限可能，如果给自己设限，人生就只能成为一件板上钉钉的事，为此，我们需要记住的是，无论你现在身处何处，都要克服浮躁心理，坚持学习与努力，进而不断挑战自我，最终收获一个灿烂的未来！

自我设限，会错失机会

在现实生活中，很多人不敢去追求梦想，不是追不到，而是因为心里就默认了一个“高度”。这个“高度”就是思维定式。思维定式，顾名思义就是习惯性思维。生活中，我们常说，人生的高度取决于思维的高度，我们千万不能让思维定式为自己的人生设限，所有博弈的第一步就是与自己博弈，打好自身的第一战尤为重要。

生物学家曾经做过这样一个实验：

一只跳蚤被放到桌面上，然后生物学家拍打桌子，此时，跳蚤会不自觉地跳起来，甚至它弹起的高度是他身高的好几倍。

接下来，跳蚤又被放到一个玻璃罩内，再让它跳，跳蚤碰到玻璃罩的顶部便弹了回来。生物学家开始连续地敲打桌子，跳蚤连续地被玻璃罩撞到头，后来，聪明的跳蚤为了避免这一点，在跳的时候，高度总是低于玻璃罩的顶的高度。然后再逐渐降低玻璃罩的高度，跳蚤总是在碰壁后跳的低一点。

最后，当玻璃接近桌面时，跳蚤已无法再跳。随后，生物学家移开玻璃罩，再拍桌子，跳蚤还是不跳。这时，跳蚤的跳高能力已经完全丧失了。

为什么会有这样的现象呢？其实这是一种思维定式下的表现。玻璃罩内的跳蚤，会产生这样一种想法：我再跳高了还会碰壁。于是，为了适应环境，它会自动地降低自己跳跃的高度。于是，和刚开始的“跳蚤冠军”相比，它的信心逐渐丧失，在失败面前变得习惯、麻木了。更可悲的是，桌面上的玻璃罩已经被生物学家移走，它却再也没有跳跃的勇气了。

行动的欲望和潜能被自己的消极思维定式扼杀，科学家把这种现象称为“自我设限”。

著名撑杆运动员布勃卡有句名言：“纪录就是用来打破的。”多么狂妄而又多么令人心潮澎湃啊！他不断打破自己创造的纪录，不断突破人们心目中运动的界限。因为陶醉于突破人体力的界限，他没有高处不胜寒的孤寂，他忘记了身体上的劳累与痛苦，他才创造了一个又一个不可思议的纪录，突破了公认的体力界限。在挑战与突破界的束缚过程之中，他自然也就有非凡的撑杆成绩，有了别人无法比拟的超高水平。摆脱不了思想的禁锢，人们永远也不可有进步。

摩托拖拉的一名主管声称：“得美国国家品质奖，有一种金钱买不到的奇效。”这就是目标的效力，有什么样的目标就有什么样的人生。目标使我们产生积极性。心理学家告诉我们，很多时候，人们不是被打败了，而是他们放弃了心中的信念和希望，对于有志气的人来说，不论面对怎样的困境、多大的打击，他都不会放弃最后的努力。因为成功与不成功之间的距离，并不是一道巨大的鸿沟，它们之间的差别只在于是否能够坚持下去。

阿西莫夫是美国的一位科普作家，他自幼天资聪颖，也参加了很多“智商测试”，得分总在 160 左右，也就是智商超群的人，为此，他一直很自豪。

一次，他在街上遇到了自己十分熟悉的一位汽修工人，这位对阿西莫夫说：“嗨，博士！我来考考你的智力，出一道思考题，看你能不能回答正确。”

阿西莫夫点头同意。修理工便开始说题：“有一位既聋又哑的人，想买几根钉子，来到五金商店，对售货员做了这样一个手势：左手两个指头立在柜台上，右手握成拳头做出敲击的样子。售货员见状，先给他拿来一把锤子，聋哑人摇摇头，指了指立着的那两根指头，于是售货员就明白了，聋哑人想买的是钉子。聋哑人买好钉子，刚走出商店，接着进来一位盲人。这位盲人想买一把剪刀，请问：盲人将会怎样做？”

阿西莫夫顺口答道：“很简单，盲人肯定会这样。”说完，他开始做手势——他伸出食指和中指，做出剪刀的形状。汽车修理工一听笑了：“哈哈，你答错了吧！盲人想买剪刀，只需要开口说‘我买剪刀’就行了，他干吗要做手势呀？”

面对修理工的回答，阿西莫夫不得不愿赌服输，看来他自己还真是个笨蛋，而此时，修理工继续说：“在考你之前，我就料定你肯定要答错，因为你受的教育太多了，不可能很聪明。”

这里，修理工所说的“你受的教育太多了，不可能很聪明”，并不是因为学的知识多了人反而变笨了，而是因为人的知识和经验多，会在头脑中形成较多的思维定式。

因此，我们每个人都应该明白突破自我的重要性，在投资中，更要时刻关注自己，关注市场，时刻寻求新的突破，并敢于释放自己、改变自己。

学习无止境，任何时候都别放弃学习

关于努力学习、勤奋读书的重要性，历来人们已经用很多文字诠释过了，苏格兰散文家卡莱尔曾经说过这样一句话：“天才就是无止境刻苦勤奋的能力”，没有艰辛，便无所获。我们每个人都要明白，真正的知识是没有尽头的，正如有句话说："吾生也有涯，而知也无涯"。如若你想不断适应变化速度逐渐加快的现今社会，就必须学习无止境，把学习当成一项终生的事业，并把这项事业贯彻到每天的生活中，如衣食住行一般。

一天，一位教授为自己的学生授课。

即将下课时，教授对学生说："现在离下课还有几分钟，我们来做个小实验室吧。"说完，他拿出一个瓶子，然后将一些拳头大小的石头放进瓶子里，直到石头已经堆到瓶口。此时，他问学生："瓶子满了吗？"

"满了。"所有的学生都回答：

他反问："真的吗？"说完，他拿来一些更小的砾石，将这些砾石都放了进去，这样，瓶内的很多空间都没砾石占满了。

"现在瓶子满了吗？"这一次学生有些明白了，"可能还没有满。"一位学生说道。

"很好！"然后，他再拿来一些细小的沙子，这些沙子也轻松地被装到瓶子里，瓶子已经被填的满满的了。

"那么，现在，满了吗？""没满！"学生们大声说。然后教授拿一壶水倒进玻璃瓶直到水面与瓶口齐平。

这是一个哲理故事，它告诉所有的人们，人生在世，我们的内心和头脑就如同这个瓶子，很多时候，我们认为自己获得的知识、技能已经足够多了，而实际上，在瞬息万变的当今社会，真正的危险不是经验的不足，而是故步自封，跟不上时代的步伐。一个人要想成功，勇气、努力都必不可少，但更重要的是，人生路上要懂得与时俱进，要懂得不断收集各种资讯，使自己对环境和追求的事业的方向有更充分的了解。因为一个人只有了解得越多，才越有应变能力。

同样，在追求梦想的过程中，我们也只有稳扎稳打学好各种知识，才能从容地面对各种挑战。否则，只顾吃喝玩乐，不干正事，不务正业，那么只能“书到用时方恨少”，“少壮不努力，老大徒伤悲”了。

另外，在学习的过程中，你还要有善于总结的习惯，无论学习的效果怎样，只有做到及时总结，才会及时反省，尤其是对于错误和失败。要知道，成功出于自错误中学习，因为只要能从失败中学得经验，便永不会重蹈覆辙。失败不会令你一蹶不振，这就像摔断腿一样，它总是会愈合的。大剧作家兼哲学家萧伯纳曾经写道：“成功是经过许多次的大错之后得到的。”总之，对于学习，你只有与时俱进，以高标准的要求和精益求精的态度，聚精会神抠细节，才能实现突破。

当然，学习知识并不是要求你要死读书，一味地沉溺于书本知识只会使你的大脑变得僵化。

固定的思维方式容易把人的思维引入歧途，也会给生活与事业带来消极影响。要改变这种思维定式，需要随着形势的发展不断调整、改变自己的行动。任何一个有创造成就的男人，都是战胜常规思维的高手。

世上没有绝对的成功，只有不断的努力，才能让你的成功之路走得更快更远。生活中的人们，从现在起努力吧。一个人的工作也许有完成的一天，但一个人的教育却没有终止。

总之，终身学习能帮助我们不断拓展自己的学习领域，开拓自己的知识视野。孔子说：“好学近乎知（智）”。学习是一种的习惯，终身学习则是一种理念，兴趣是成功的一半。一个人一旦树立起终身学习的理念，就会认同“万事皆有可学”这个道理。伟大的成功和辛勤的劳动总是成正比的，有一分劳动就有一分收获，日积月累，奇迹就可以创造出来。这是绝对的真理。只有勤奋才是最高尚的，才能给人带来真正的幸福和乐趣。我们人要坚定“奋斗不息，学习不止”的信念，日复一日，沿着知识的阶梯步步登高，养成丰富自己、重视学习的习惯。

别把知足当成不思进取的借口

生活中，我们常说:“知足常乐”。人之所以不快乐，就是不知足。实际上，人类自身的需求是很低的，远远低于欲望。房子再怎么大，也只能住一间；衣服再高贵，身上也只能穿一套；汽车再多，也只能开一辆在街上跑。能够认清楚这一点，那么我们就能够活得更加从容一点，更加豁达一点。然而，我们生活中的一些人，却曲解了“知足”的真正含义，我们倡导在物质生活上知足，倡导追求精神层次的享受，然而这并不意味着我们应该安于现状、不思进取。

是啊，生命是一个过程。怎么享受生命这个过程呢？把注意力放在积极的事情上。懂得享受人生的人是淡定的，但他们绝不是看破红尘，不思进取，这是经过岁月磨砺后的沉稳含蓄，看淡世俗名利。

有一个年轻人看破红尘了，每天什么都不干，懒洋洋地坐在树底下晒太阳。有一个智者问他：“年轻人，这么大好的时光，你怎么不去赚钱？”年轻人说：“没意思，赚了钱还得花。”智者又问：“你怎么不结婚？”年轻人说：“没意思，弄不好还得离婚。”智者说：“你怎么不交朋友？”年轻人说:“没意思,交了朋友弄不好会反目成仇。”智者给年轻人一根绳子说:“干脆你上吊吧，反正也得死，还不如现在死了算了。”年轻人说：“我不想死。”智者于是说：“生命是一个过程，不是一个结果。”年轻人幡然醒悟。

这就叫“一语惊醒梦中人”。然而，我们生活的周围，为了彰显自己超然于物外，他们宁愿独处，不交朋友，甚至逃避社会竞争，他们以“自我中心”与“被动”，等着别人先关心自己，建立关系。事实上，久而久之，他们便真的失去了与人竞争的能力，失去了朋友，内心世界也真的孤独了。其实，在喧嚣的人世间，我们要保持内心的宁静，只要静下心来，坚定自己的信念，而不是给自己找借口逃避，因此，从现在起，不妨大胆地走出自我限定的世界吧。

石油大王洛克菲勒曾说："与其生活在既不胜利也不失败的黯淡阴郁的心情里，成为既不知欢乐也不知悲伤的懦夫，倒不如不惜失败，大胆地向目标挑战！"他这句话是要鼓励我们勇于改变安稳的现状、敢于冒险。事实上，我们也发现，洛克菲勒本人就是个野心勃勃的人。

1870年，标准石油公司成立，洛克菲勒任总裁，该公司资产100万美元。洛克菲勒放言，"总有一天，所有的炼油和制桶业务都要归标准石油公司。"公司主要负责人不领工资，只从股票升值和红利部分中提成。"不领工资只分红"这个制度创新一直影响到现在的美国企业。洛克菲勒坚信"一个人往往进入只有一件事可做的局面，并无供选择的余地。他想逃，可是无路可逃。因此他只有顺着眼前唯一的道路朝前走，而人们称它为勇气。"以及"与其生活在既不胜利也不失败的黯淡阴郁的心情里，成为既不知欢乐也不知悲伤的懦夫的同类者，倒不如不惜失败，大胆地向目标挑战！"

的确，人生的旅途中，不敢冒险的人、不敢真正跨出第一步的人最终的结果只能使自己在给自己限定的舞台上越来越渺小。没有舞台的演员就像被缴械的军人，被剥夺了笔的画家，成功离他就越来越远。

因此，生活中的人们，摒弃知足常乐的借口，培养自己进取和冒险的精神吧，对此，你可以这样锻炼自己：

1. 克服恐惧

做曾经不敢做的事，本身就是克服恐惧的过程。如果你退缩、不敢尝试，那么，下次你还是不敢，你永远都做不成。只要你下定决心、勇于尝试，那么这就证明你已经进步了。在不远的将来，即使你会遇到很多困难，但你的勇气一定会帮你获得成功。

2. 为自己拟定一份"战书"

向自己不敢做的事"下战书"就是拿过去不敢做的事，曾经畏惧的事情“开刀”，克服自己的心理恐惧，扫除心里的“精神垃圾”，以树立起信心。

也许你还有很多过去不敢做的事，那就列个困难清单逐个给它们下“战书”，只要做到每天有突破、有进步，总有一天你会把所有的“不敢做”都变成“不，敢做”，那么胆小怯懦的“旧你”就成为了自信勇敢的“新你”了，成功就会向你招手。

其实人的一生就是一场冒险，走得最远的人是那些愿意去做、愿意去冒险的人。我们每一个人都要相信自己能成功，要鼓起勇气，尝试第一步，这才是真正的勇者。

绝不为自己找任何放纵自己的理由

任何社会中的人，都存在强弱之分，但更普遍的是强者更强，弱者更弱，弱肉强食。为什么会这样呢？因为弱者很多时候并不是努力充实自己，让自己变强，而是花费太多的时间抱怨，抱怨命运的不公。他们可能不明白，绝对的公平是不存在的，能力强才是硬道理。因此，既然我们没有办法选择社会环境，为什么我们不选择改变自己呢？因此，我们与其去抱怨，不如努力提高自己，为自己在未来的竞争中处于优势而提前练好功力，这才是正道。功力都不想练，却想能够成为赢家，天下有这么好的事吗？

所以，我们需要记住的是，在如今竞争激烈的现代社会，面对压力，我们无论如何也不要为自己找懈怠的理由，而应该勤奋努力，朝更高的目标奋进。

是什么让乔妮·埃里克做到了在人生快进入绝望的时候重拾信心呢？是什么让他们做到了再次找到人生的价值呢？一个刚毅的人就好像为自己寻找到一个心灵的保护伞，有了这个保护伞，他都是无惧的。无论是奋斗还是人生的路上，都并非一帆风顺，有失才有得，有大失才能有大得，没有承受失败考验的心理准备，闯不了多久就要走回头路了。

纵观历史，广览世界历史，你会得出这样一个结论——成功者无一不是战胜失败后而获得成功的。事实上，人意志力的力量是强大的，可能我们对于自己能够变成多么坚强都毫无概念，大多数的人能够承受超过我们所认为的压力。每一个人都隐藏着无限的潜能，但除非你知道它在哪里，并坚持用它，否则毫无价值。世界著名的大提琴演奏家帕柏罗卡沙成名之后，仍然每天练习 6 小时。有人问他为什么还要这么努力。他的回答是“我认为我正进步之中”。

当然，凡事都有度，我们也要将压力控制在一定的范围内，因为人生就好像一根弦，太松了，弹不出优美的乐曲；太紧了，又容易断裂。唯有松紧合适，才能奏出舒缓且优雅的乐章。适当的压力，不仅是我们成长的必备养分，也是成就我们亮丽人生的重要元素！

时刻关注前沿信息，改变人生轨迹

现代社会，可能我们每个人都发现，在我们周围的人时时刻刻都在寻求变通，所不同的是，善于变通的人越变越好，而不善于变通的人却是越变越差。我们只要掌握了变通之道，就会应对各种变化，在变化中寻找到机会，在变化中取得成功。

通用公司的杰克·韦尔奇在管理上提出了“无边界行为”，这一主张打破了 GE13 大业务集团的界限，这一主张的主要特点在于能像“小公司”一样灵活，已经成为通用非常重要的管理价值观。

这一工作方式很快被公司员工接受并适应，并且加深了同事间的沟通，团队合作的氛围也更融洽。“无边界行为”不但不会和有序的组织管理发生冲突，反而它为通用创造了一种自由、轻松、平等的沟通环境。

通用电气公司开始谈论“绿色创想”时，解决了这一问题。首席执行官杰夫·伊梅尔特说：“寻找可持续性更高的经营方式，这种社会发展趋势显而易见，如果能乘此东风，我们就会为将来的发展而占得先机。通用电气公司开展了一次绿色审核，找出他们已有的在业内一流的绿色产品，并开始对雇员突出强调这些现成的绿色产品的领域。LED3 照明系统 (可以发出很亮的光，但所耗电力仅为其他系统耗电量的 10%) 就是这样的领域。然后，通用电气公司就说：“我们就是那种能在日益注重可持续性的新业务环境中获得成功的人”。

通用的变革成功了！这一成功得益于无边界行为的提出。生活中，我们常听他人说“与时俱进”这一词，也就是说，我们在做人做事时，要懂得变通，毕竟我们所生活的时代每天都在变幻，守旧的思维模式只能让我们被时代抛弃。事实上，自古以来，人类的进步就是因为能做到与时俱进，能做到思维的创新，可以说，人类如果故步自封，就只会停滞不前。同样，作为单个人，能不能做到思维上的与时俱进，直接关系到一个人的事业成败，因为只有创新才能激活自己全身的能量。

中国地质学家李四光曾说过：“一些陈旧的、不结合实际的东西，不管那些东西是洋框框，还是土框框，都要大力地把它们打破，大胆地创造新的方法、新的理论，来解决我们的问题。”马克思也曾说：“哲学家们只是用不同的方式解释世界，问题在于改变世界。”的确，在漫长的人生旅途中，每一个人不能不面对变化，不能不面对选择。学会变通，不仅是做人之诀窍，也是做事之诀窍。那么，生活中的我们，应该怎样做到关注前言信息、提高自己的思维变通能力呢？

1. 用知识解放思维

人与人之间没有太大的差别，只是思维方式的不同。成功的人为什么成功，失败的人为什么失败？成功者就是因为他们与众不同的思路。因此，如果你能做到摆脱思维的狭隘性，那么，你就具备了成功的潜能。

那么，如何解放思维？只有学习才能搬走“无知”这堵墙。

2. 关注前言信息，更新观念

我们在工作的同时，也要关注时事新闻，关注周围世界的变化，这样，你才能逐步更新自己观念和强化自己的变革意识。

3. 学会变通要有勇气应对变化

勇气的作用就是调动起自己全部的能力去迎接变化和挑战。一个人想学会变通，首先必须鼓起勇气，勇气是人的一种非凡力量。它虽然不能具体地去处理某一个问题，克服某一种困难，但这种精神和心态却能唤醒你心中的潜能，帮助你应对一切变化和困难。

4. 学会变通，要有信心开发潜能

所谓信心，就是一种心态潜能。也就是说你是一个充满信心的人，你有信心克服困难，有信心获得成功。那么，你身上的一切能力都会为你的信心去努力，你也就有可能成为你希望成为的那样；反之，如果你缺乏信心去努力，总以为自己没有能力去做这一切，那么，你的一切能力也就会随之沉寂，自然你就成为一个没有能力的人。

5. 学会变通要善于改变自己的思维定式

人的思维方式，常常出现两大定式：一是直线型，不会拐弯抹角，不会逆向思维和发散思维；二是复制型思维，常以过去的经验为参照，不容易接受新鲜事物。

参考文献

[1] 墨陌 . 越努力越成功 [M]. 南京：南京出版社，2016.

[2] 陶君豪 . 努力到无能为力，拼搏到感动自己 [M]. 厦门：鹭江出版社，2016.

[3] 左岸 . 将来的我一定会感谢现在拼命的自己 [M]. 北京：中国华侨出版社，2015.

[4] 墨陌 . 只要坚持，梦想总是可以实现的！ [M]. 南京：南京出版社，2016.

[5] 刘仕祥 . 在最能吃苦的年纪，遇见拼命努力的自己 [M]. 深圳：海天出版社，2016.